总主编 江文胜 李锋民

“中国海洋大学环境科学与工程国家级实验教学示范中心”系列教材

EXPERIMENT OF ENVIRONMENTAL MICROBIOLOGY

环境微生物实验

主编 高冬梅 洪 波 李锋民

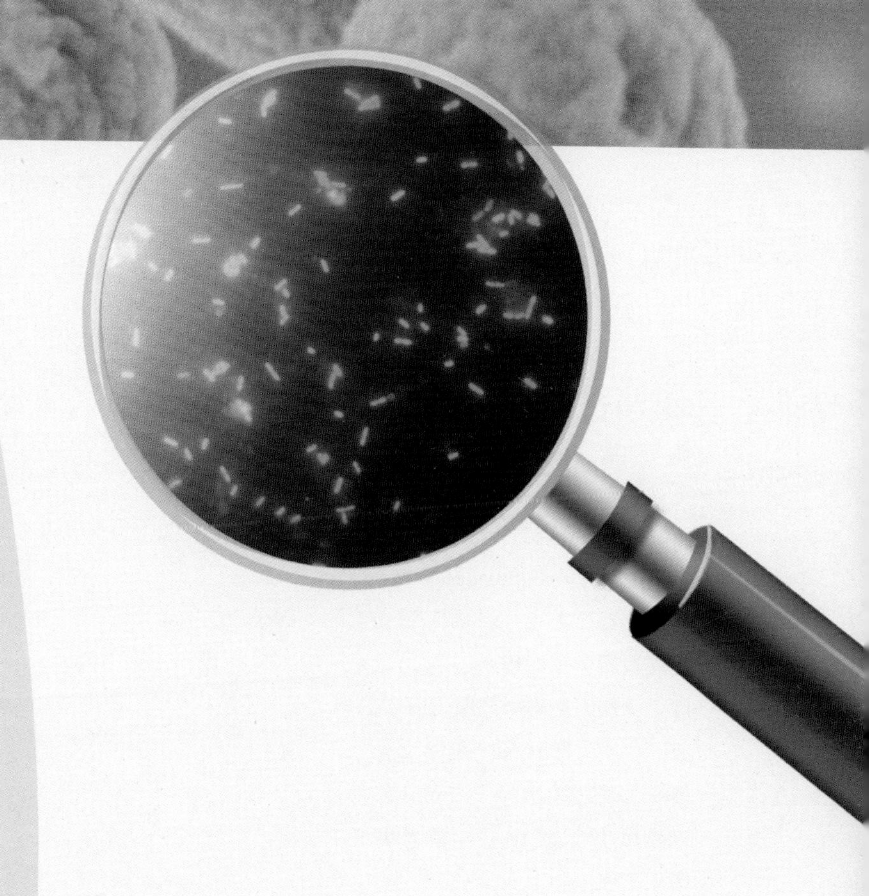

中国海洋大学出版社
·青岛·

图书在版编目(CIP)数据

环境微生物实验 / 高冬梅,洪波,李锋民主编. —青岛：中国海洋大学出版社，2014.9(2018.1 重印)

“中国海洋大学环境科学与工程国家级实验教学示范中心”系列教材 / 江文胜，李锋民总主编

ISBN 978-7-5670-0720-8

Ⅰ. ① 环… Ⅱ. ① 高… ② 洪… ③ 李… Ⅲ. ① 环境微生物学—实验—高等学校—教材 Ⅳ. ① X172-33

中国版本图书馆 CIP 数据核字(2014)第 191898 号

出版发行	中国海洋大学出版社		
社　　址	青岛市香港东路 23 号	**邮政编码**	266071
出 版 人	杨立敏		
网　　址	http://www.ouc-press.com		
电子信箱	zhanghua@ouc-press.com		
订购电话	0532—82032573(传真)		
责任编辑	张　华	**电　　话**	0532—85902342
印　　制	虎彩印艺股份有限公司		
版　　次	2014 年 9 月第 1 版		
印　　次	2018 年 1 月第 2 次印刷		
成品尺寸	185 mm×260 mm		
印　　张	14		
字　　数	315 千		
定　　价	33.00 元		

彩图1　平板上生长的菌落

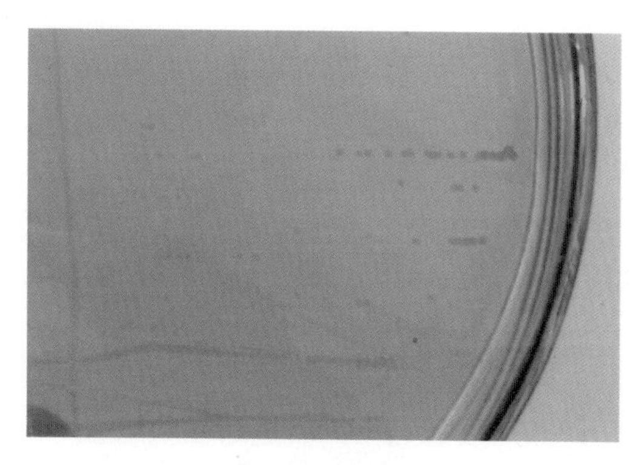

彩图2　平板划线分离的单菌落

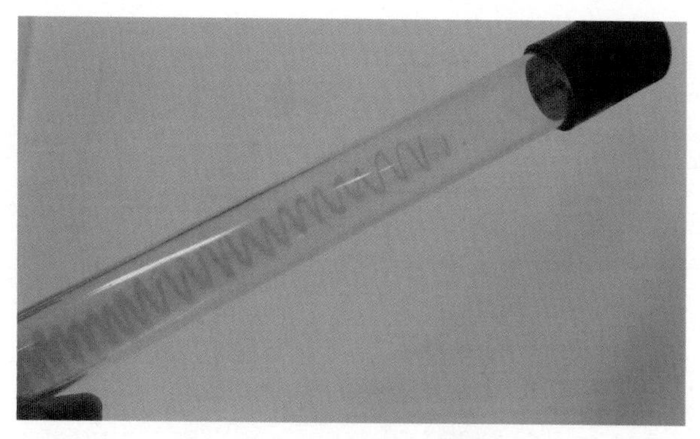

彩图3　试管斜面上生长的细菌

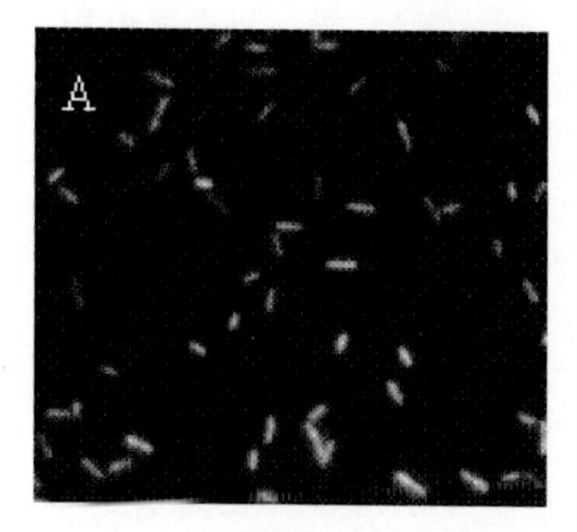

AO
（引自Raina M. Maier等著，
刘和等导读，2010）

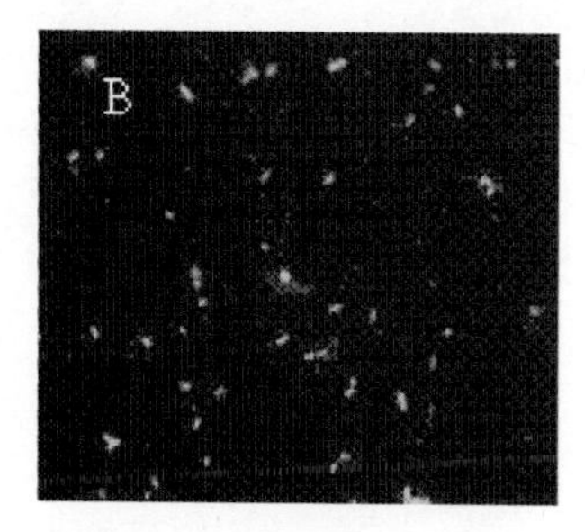

DAPI
（许颖 摄）

PI
（代颜辉 摄）

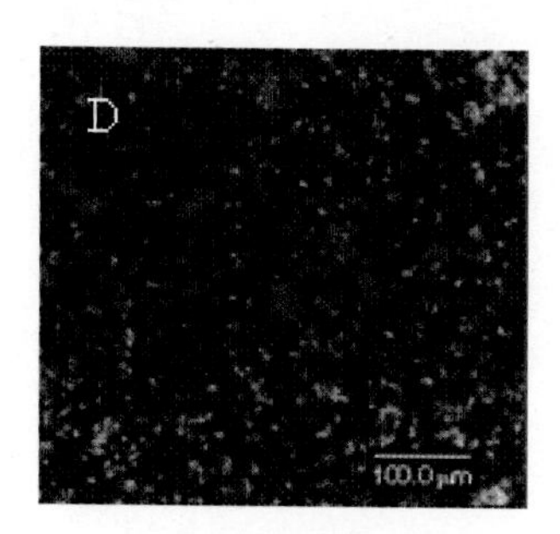

SYTO 9/PI复染
（El-Azizi, *et al.*，2005）

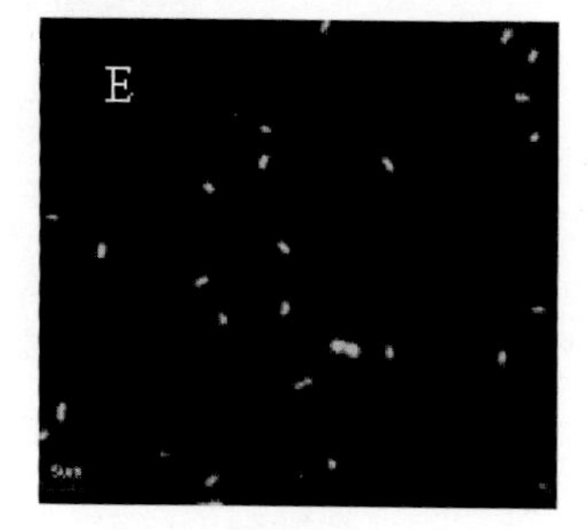

FDA
（代颜辉 摄）

彩图4　微生物细胞荧光染色的显微图像

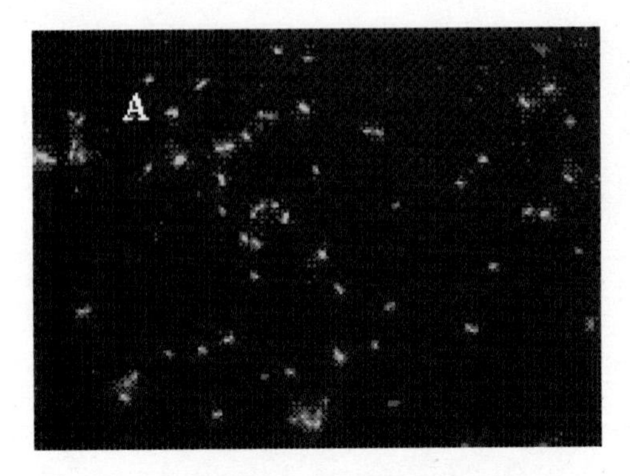

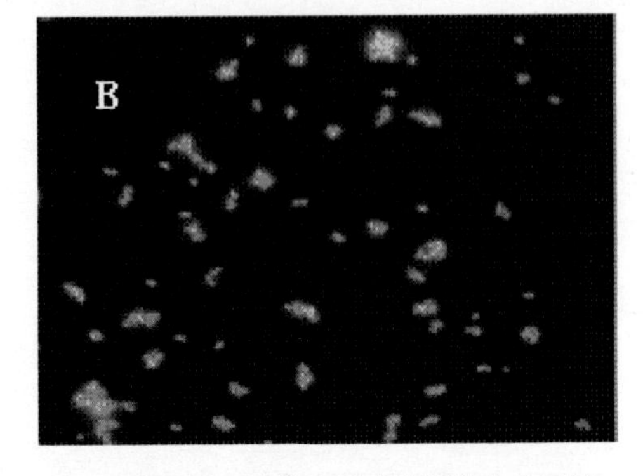

A. Tween-80加入后分散的菌体　　B. 没有分散开的菌团形成片状的荧光区域

彩图5　Tween-80对土壤样品中微生物的分散效果（荧光图像，许颖　摄）

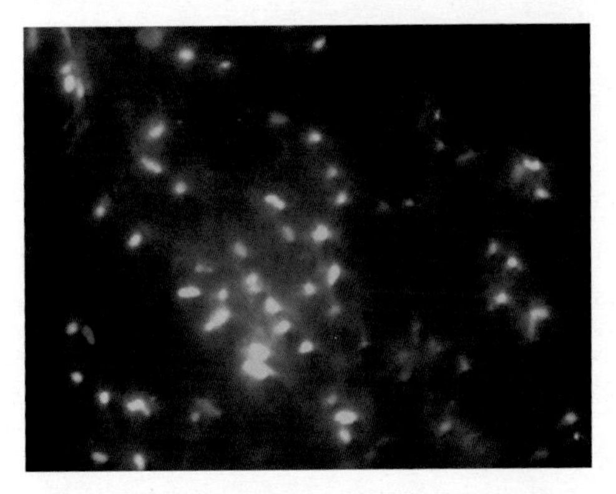

彩图6　非生命颗粒物对菌体DAPI染色荧光的干扰（荧光图像，许颖　摄）

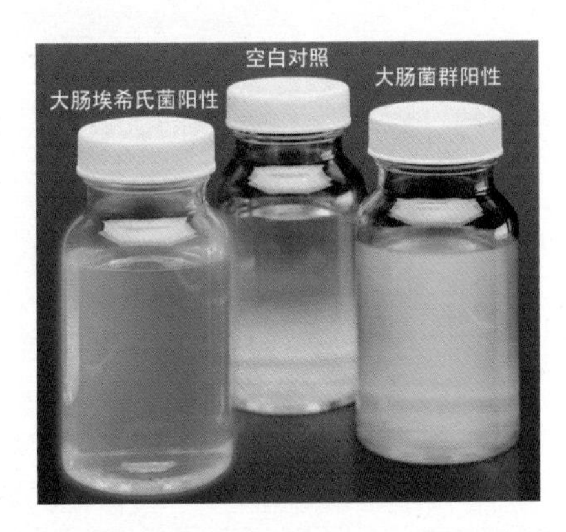

彩图7　酶底物法检测大肠菌群及大肠埃希氏菌（引自J.P.哈雷著，谢建平等译，2012）

彩图8　硫酸盐还原菌典型的培养特征

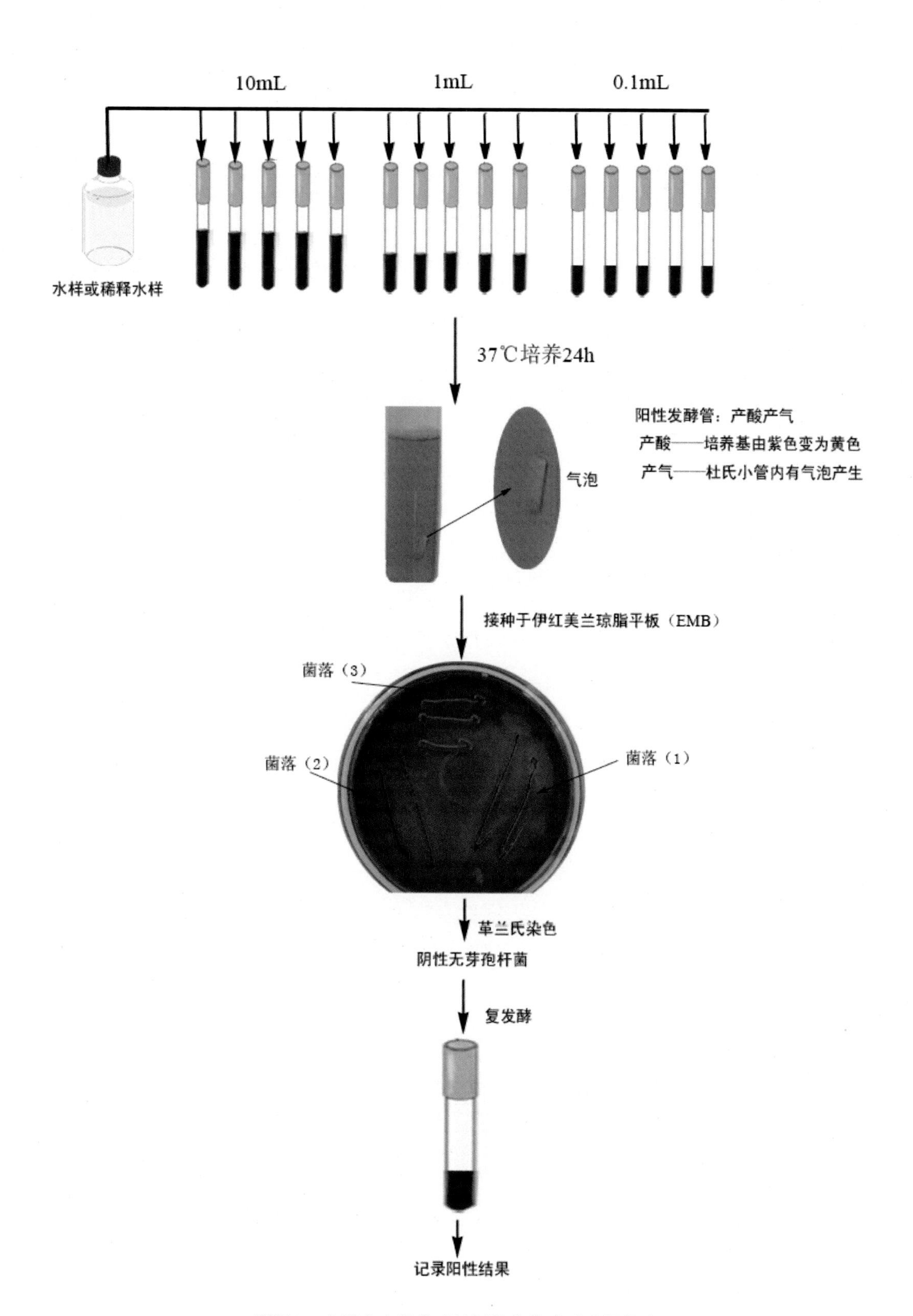

彩图9　水样中大肠菌群检测的多管发酵法操作流程

总主编　江文胜　李锋民

"中国海洋大学环境科学与工程国家级实验教学示范中心"系列教材

EXPERIMENT OF ENVIRONMENTAL MICROBIOLOGY

环境微生物实验

主编　高冬梅　洪　波　李锋民

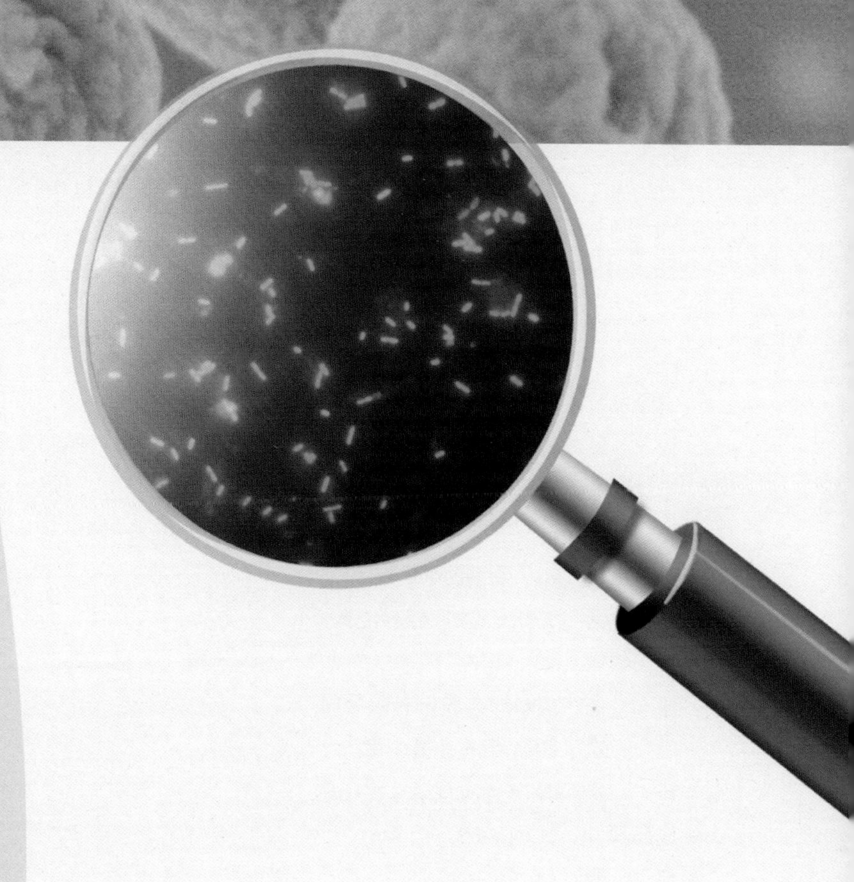

中国海洋大学出版社
·青岛·

图书在版编目(CIP)数据

环境微生物实验 / 高冬梅,洪波,李锋民主编. —青岛：中国海洋大学出版社，2014.9(2018.1 重印)

“中国海洋大学环境科学与工程国家级实验教学示范中心”系列教材 / 江文胜，李锋民总主编

ISBN 978-7-5670-0720-8

Ⅰ. ① 环… Ⅱ. ① 高… ② 洪… ③ 李… Ⅲ. ① 环境微生物学—实验—高等学校—教材 Ⅳ. ① X172-33

中国版本图书馆 CIP 数据核字(2014)第 191898 号

出版发行	中国海洋大学出版社		
社　　址	青岛市香港东路 23 号	**邮政编码**	266071
出 版 人	杨立敏		
网　　址	http://www.ouc-press.com		
电子信箱	zhanghua@ouc-press.com		
订购电话	0532—82032573(传真)		
责任编辑	张　华	**电　　话**	0532—85902342
印　　制	虎彩印艺股份有限公司		
版　　次	2014 年 9 月第 1 版		
印　　次	2018 年 1 月第 2 次印刷		
成品尺寸	185 mm×260 mm		
印　　张	14		
字　　数	315 千		
定　　价	33.00 元		

彩图1　平板上生长的菌落

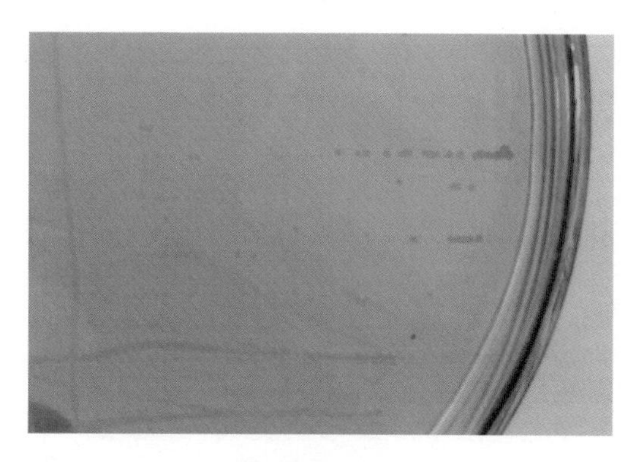

彩图2　平板划线分离的单菌落

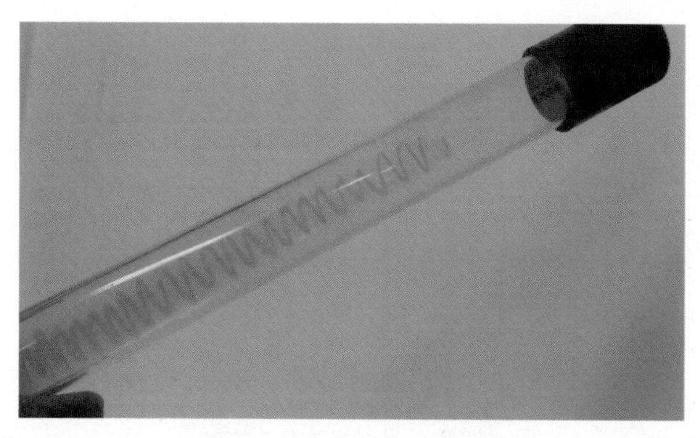

彩图3　试管斜面上生长的细菌

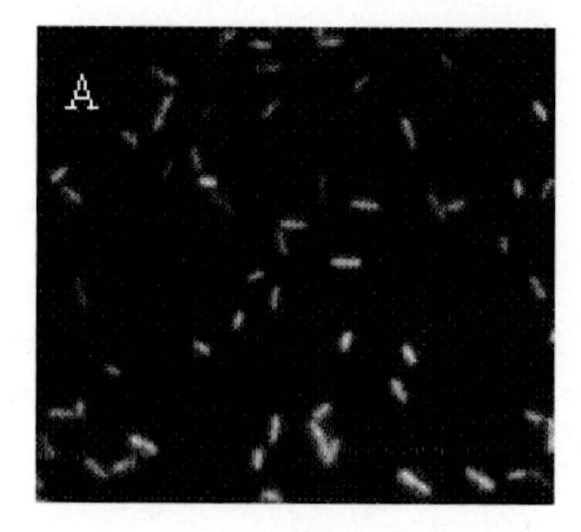

AO
（引自Raina M. Maier等著，
刘和等导读，2010）

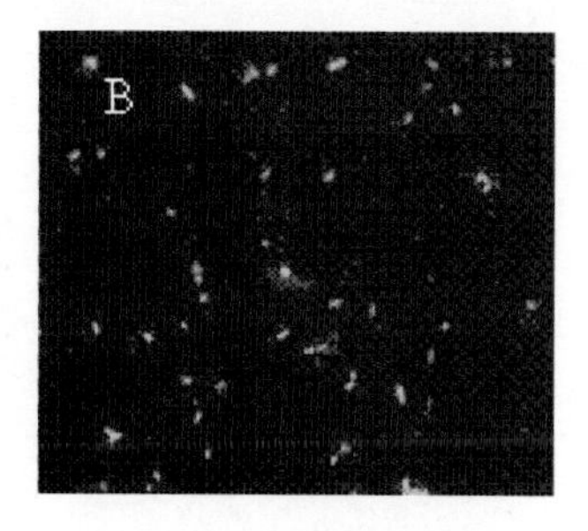

DAPI
（许颖 摄）

PI
（代颜辉 摄）

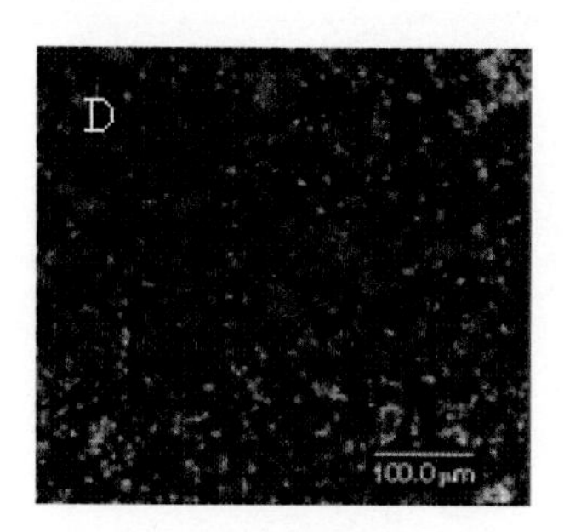

SYTO 9/PI复染
（El-Azizi, *et al.*，2005）

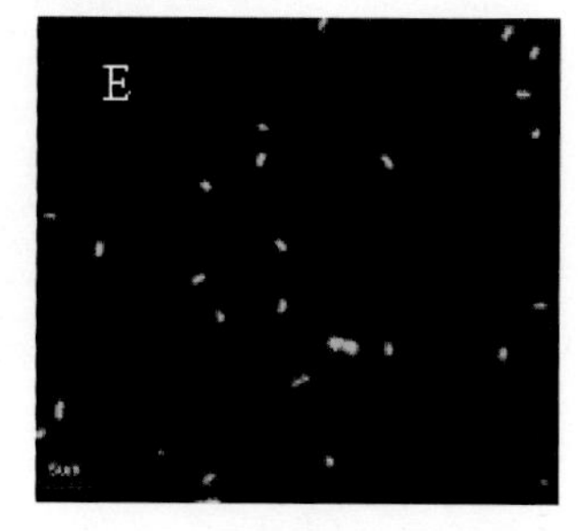

FDA
（代颜辉 摄）

彩图4　微生物细胞荧光染色的显微图像

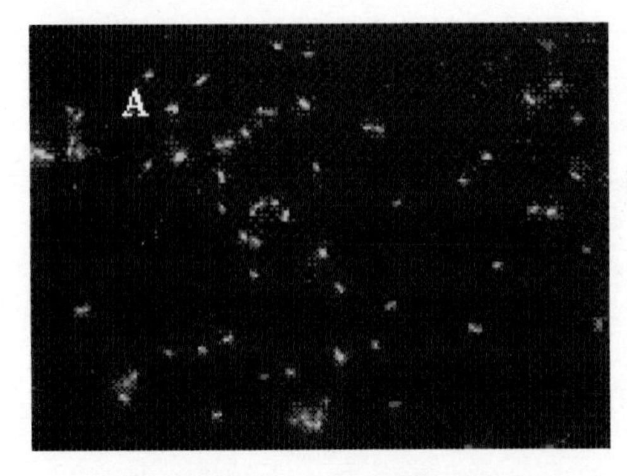

A. Tween-80加入后分散的菌体

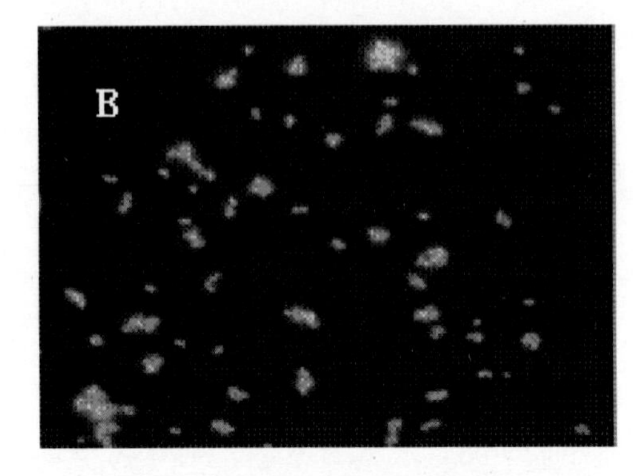

B. 没有分散开的菌团形成片状的荧光区域

彩图5 Tween-80对土壤样品中微生物的分散效果（荧光图像，许颖 摄）

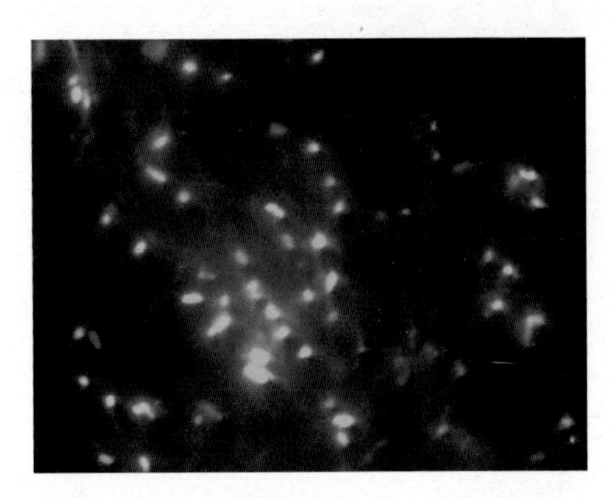

彩图6 非生命颗粒物对菌体DAPI染色荧光的干扰（荧光图像，许颖 摄）

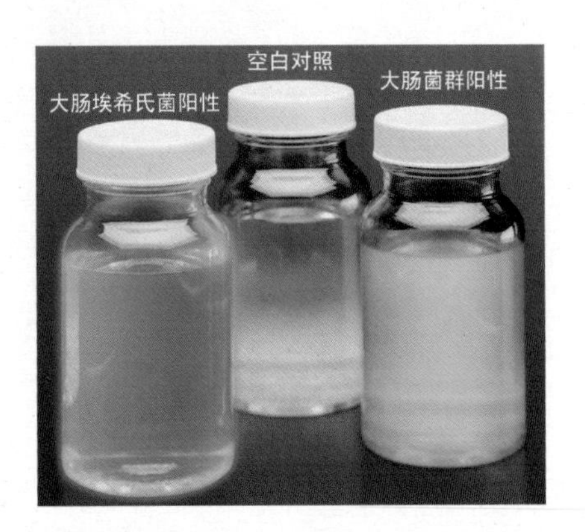

彩图7 酶底物法检测大肠菌群及大肠埃希氏菌（引自J.P.哈雷著，谢建平等译，2012）

彩图8 硫酸盐还原菌典型的培养特征

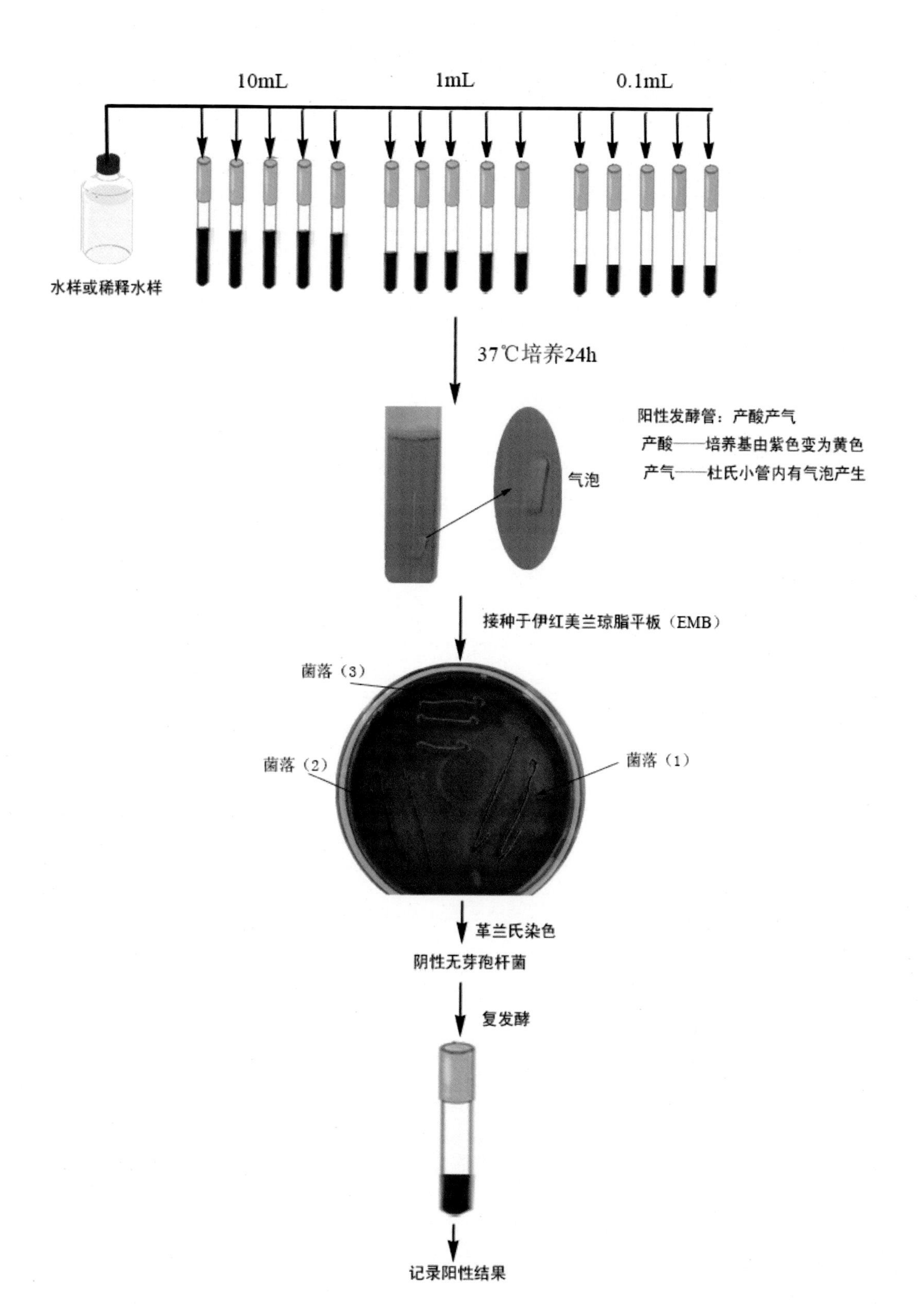

彩图9　水样中大肠菌群检测的多管发酵法操作流程

前言

随着环境微生物资源的不断开发和利用以及环境问题的日趋严重，环境微生物实验技术得到迅速发展和广泛应用，为人们认识环境和改造环境提供了重要的技术手段和研究方法。我们在多年的实验教学和科研实践的基础上，充分借鉴和吸收国内外相关实验技术与方法，编写了《环境微生物实验》一书。

本书注重体现教材的“环境”特色和“海洋”特色，注重实用性和可操作性，兼顾先进性和开拓性。对实验的原理及相关知识、常用大型仪器的原理及使用进行了详细介绍，并辅以大量的图片和示意图，以便更好地理解和掌握实验技术。

本书共分为五个部分，第一部分为基础实验技术、第二部分为现代环境微生物实验技术、第三部分为环境中的微生物、第四部分为污染物的微生物处理技术、第五部分为设计性实验，共 37 个实验。基础实验技术部分注重实验内容的系统性和连贯性；现代环境微生物实验技术部分注重实验内容的先进性和可操作性，并对环境微生物常用分析检测仪器的原理及使用操作逐一介绍；环境中的微生物部分注重实验内容的开拓性，并涉及不同的环境，体现了教材的“环境”特色，尤其突出“海洋”特色；污染物的微生物处理技术部分注重内容的实用性并兼顾可操作性，使学生能够得到实际应用训练；设计性实验注重实验的实施程序。本书不仅适合作为环境科学与环境工程相关专业本科生的实验教材，而且也可作为研究生或科研人员重要的参考用书。

本书编写过程中引用了国内外学者的相关教学、科研成果及有关的插图和照片，但是，因受篇幅所限，书中仅列举了主要的参考文献和资料来源，在此特向所有著作者表示衷心的感谢！由于本书涵盖内容较广而编者水平有限，难免有疏漏、错误或不妥之处，敬请广大读者批评指正，以便修订时修正和完善。特此感谢！

编　者

2014 年 6 月

第一部分　基础实验技术

实验 1-1　培养基的制备及灭菌 …… (1)

附:微生物的灭菌 …… (10)

实验 1-2　环境样品中微生物的分离、纯化及接种技术 …… (13)

实验 1-3　环境样品中细菌菌落总数的测定 …… (20)

实验 1-4　细菌的染色及形态观察 …… (23)

附:普通光学显微镜 …… (27)

实验 1-5　微生物细胞大小的测定 …… (33)

实验 1-6　微生物的显微镜直接计数法 …… (36)

实验 1-7　细菌生长曲线的测定 …… (40)

实验 1-8　微生物的 MPN 计数法 …… (43)

附:微生物的 MPN 法统计表 …… (46)

第二部分　现代环境微生物实验技术

实验 2-1　细菌总 DNA 的提取、PCR 扩增及电泳分析 …… (51)

实验 2-1-1　细菌总 DNA 的提取 …… (51)

实验 2-1-2　PCR 扩增 …… (56)

实验 2-1-3　琼脂糖凝胶电泳分析 …… (60)

实验 2-2　微生物细胞的荧光探针及其检测技术 …… (64)

实验 2-2-1　水体中微生物总数的直接计数 …… (65)

附:荧光显微镜 …… (67)

实验 2-2-2　重金属铜污染对水体中细菌的致毒效应 …… (71)

附:流式细胞仪 …… (74)

实验 2-2-3　荧光原位杂交(FISH)技术检测土壤中的细菌 …………… (80)
实验 2-3　环境微生物活性检测技术 …………… (85)
实验 2-3-1 土壤微生物活性的测定 …………… (87)
附:荧光分光光度计 …………… (89)
实验 2-4　环境微生物群落多样性分析技术 …………… (93)
实验 2-4-1　土壤微生物群落的功能多样性分析(Biolog 分析法) …………… (94)
附:Biolog 自动读数仪(Microstation) …………… (99)
实验 2-4-2　土壤微生物群落的遗传多样性分析(DGGE 分析法) …………… (101)
实验 2-5　微生物的固定化技术 …………… (106)
实验 2-5-1　海藻酸钠包埋法固定枯草芽孢杆菌 …………… (107)
实验 2-6　环境污染物毒性的微生物检测技术 …………… (111)
实验 2-6-1　发光细菌法检测环境污染物的综合生物毒性 …………… (111)
实验 2-6-2　Ames 实验检测环境污染物的遗传毒性 …………… (116)

第三部分　环境中的微生物

实验 3-1　土壤环境中的微生物 …………… (123)
实验 3-1-1　根际微生物特征分析 …………… (124)
实验 3-1-2　农田土壤中好氧自生固氮菌的测定 …………… (129)
实验 3-1-3　湿地土壤中产甲烷菌及甲烷氧化菌的测定 …………… (133)
实验 3-1-4　林地土壤中纤维素分解菌的测定 …………… (141)
实验 3-2　淡水环境中的微生物 …………… (145)
实验 3-2-1　地表水及饮用水的微生物状况分析及评价 …………… (145)
附:大肠菌群 MPN 检索表 …………… (155)
实验 3-2-2　人工湖中光合细菌(紫色非硫细菌)的测定 …………… (160)
实验 3-2-3　富营养化水体中氮循环菌的特征分析 …………… (163)
实验 3-3　大气中的微生物 …………… (169)
实验 3-3-1　自然沉降法检测空气中的细菌 …………… (171)
实验 3-3-2　大气生物气溶胶微生物的组成及粒径分布 …………… (174)
实验 3-4　海洋环境中的微生物 …………… (177)
实验 3-4-1　沿岸水域及沉积物微生物污染状况调查 …………… (177)
实验 3-4-2　海水养殖海域病原菌弧菌的分布 …………… (182)
实验 3-4-3　海洋发光细菌的检测 …………… (186)
实验 3-4-4　海洋工程结构物主要腐蚀微生物的检测 …………… (189)
实验 3-4-5　海洋石油污染降解微生物的分布特征 …………… (194)

第四部分 污染物的微生物处理技术

实验 4-1 SBR 活性污泥法处理生活污水 …………………………… (199)
实验 4-2 有机固体废弃物的堆肥处理 …………………………… (203)
实验 4-3 石油污染土壤的固定化微生物处理 …………………………… (206)

第五部分 设计性实验

一、设计性实验的实施过程 …………………………… (213)
二、实验考核和成绩评定 …………………………… (214)
三、设计性实验的管理 …………………………… (214)

第一部分　基础实验技术

实验 1-1　培养基的制备及灭菌

实验 1-2　环境样品中微生物的分离、纯化及接种技术

实验 1-3　环境样品中细菌菌落总数的测定

实验 1-4　细菌的染色及形态观察

实验 1-5　微生物细胞大小的测定

实验 1-6　微生物的显微镜直接计数法

实验 1-7　细菌生长曲线的测定

实验 1-8　微生物的 MPN 计数法

实验1-1　培养基的制备及灭菌

培养基概述

培养基是按照微生物的营养需要，由人工配制的，适合微生物生长代谢的营养基质。不同种类的培养基一般都含有一定比例的水分、碳源、能源、氮源、生长因子和无机盐等，另外，还必须具备适宜的 pH 和合适的渗透压等条件。培养基主要用于微生物的分离、培养、鉴定、发酵以及菌种保藏等方面。

一、培养基的主要成分及其作用

1. 水

水是微生物细胞生存并进行正常生理代谢活动所必需的基本条件，也是培养基中各成分的优良溶剂，有助于营养物质的溶解及利用。一般情况下，可直接使用自来水配制培养基，因为自来水中含有的微量杂质可以作为微量元素被微生物利用，对微生物往往是有益无害的。但在某些有特殊要求的实验中，自来水中的微量杂质可能会对实验结果造成一定程度的干扰，这时应采用蒸馏水或超纯水来配制培养基。

2. 碳源

碳源用于合成微生物细胞的含碳物质（碳架），并为微生物的生命活动提供所需的能量，所以，碳源是培养基的重要营养成分。微生物所能利用的碳源种类很多，而且不同微生物的最适碳源也不尽相同。在天然培养基中，可由牛肉膏、蛋白胨、酵母膏等为微生物提供碳源，在合成培养基中最常用的碳源是葡萄糖，其他常用的简单碳源还有蔗糖、乳糖、果糖、甘露糖及淀粉等。

3. 氮源

氮源是合成微生物细胞蛋白质的主要原料，也是培养基中的基本成分。在天然培养基中，常用的氮源有蛋白胨、牛肉膏、酵母膏等有机氮源，在合成培养基中常用尿素、铵盐、硝酸盐等提供无机氮源。而对于固氮菌来说，是利用分子态的氮作为氮源。

4. 生长因子

生长因子是微生物细胞中许多酶的组成部分，是调节细胞生理代谢功能所必需的微量物质，主要包括氨基酸、碱基（嘧啶和嘌呤）、维生素（硫胺素、核黄素、烟酰胺、泛酸、叶酸等）3 大类。在制备天然培养基时，由于各天然成分中一般含有这些微量物质，不需另外加入，而在制备合成培养基时，如果要培养的微生物类群自身不能合成这些生长因子，则必须在培养基中添加。目前已知的大多数种类的异养微生物和自养微生物都有合成生长因子的能力。

5. 无机盐

微生物需要的矿物质元素可分为主要元素和微量元素两大类。主要元素包括磷、钾、钙、镁、硫、钠等，它们参与细胞结构物质的组成、能量转移、物质代谢以及调节细胞原生质的胶体状态和细胞渗透性等。在天然培养基中，一般不必加入这些盐类或只加一部分，在合成培养基中需要添加含有这些元素的盐类。微生物需要的微量元素主要有铁、硼、锰、铜、锌和钼等，它们多是辅酶和辅基的成分或酶的激活剂。微生物对微量元素的需要量很少，在营养物质及自来水中所含有的微量元素已可满足微生物生长的需要，一般在配制培养基时不必另外添加，但培养某些有特殊生理需求的微生物时，仍然需要在培养基中另行加入某些微量元素。

二、培养基的分类

培养基的种类很多(表 1-1-1)，按成分可分为天然培养基、合成培养基和半合成培养基；按功能和用途可分为基础培养基、选择培养基、加富培养基和鉴别培养基；按状态可分为固体培养基、半固体培养基和液体培养基。

表 1-1-1　培养基的分类

分类依据	培养基种类	特点及用途
成分	天然培养基	利用复杂的天然物质配制而成的营养丰富的培养基，能够同时培养出样品中某个微生物类群中的多数微生物，但是一般难于确切知道天然物质中含有的各种成分及其数量，而且其成分和数量也不稳定。如常用的有牛肉膏蛋白胨培养基、马铃薯培养基等
	合成培养基	用已知成分的化合物或试剂配制的培养基，培养基中各成分和含量已知且稳定。如常用的高氏一号培养基等
	半合成培养基	由天然成分和已知化学试剂混合组成的培养基
功能	基础培养基	含有一般微生物生长所需要的营养成分。最常用的如细菌基础培养基——牛肉膏蛋白胨培养基等
	选择培养基	除了含有一般微生物生长所需要的营养成分外，还利用微生物对某些化学物质或营养物质的敏感性不同，在培养基中另外添加这些物质，从而更容易地分离或鉴别目的微生物。如分离真菌常用的马丁氏培养基、大肠杆菌的乳糖蛋白胨培养基等

续表

分类依据	培养基种类	特点及用途
功能	加富培养基	根据某些微生物特殊的营养需求，在培养基中加入这些营养物质，从而有利于这些微生物快速增殖，达到富集这类微生物的目的。如石油烃降解菌培养基等
	鉴别培养基	某些微生物在生长繁殖过程中产生的代谢产物与某种物质发生特征性的生化反应，产生肉眼可见的现象，如果在培养基中加入这种物质，就可以在培养时将这种微生物与其他微生物区别开来，从而进行微生物鉴定。常用的有伊红美蓝培养基(EMB 培养基)等
状态	液体培养基	在配制培养基时不加入凝固剂，可呈现液体状态的培养基。主要用于微生物富集培养、发酵生产等
	固体培养基	在配制培养基时加入一定比例的凝固剂(一般用 1.5%～2%的琼脂)，凝固后呈固体状态的培养基。主要用来制备斜面或平板 琼脂是制备固体培养基时应用最广泛的凝固剂，它是由海洋中红藻门的石花菜、江蓠等提取加工而成，其主要成分为多糖类物质，化学性质较稳定，耐高压灭菌，不能被一般微生物分解利用。琼脂在 95℃以上开始熔化，45℃以下开始凝固成透明的胶冻
	半固体培养基	在配制培养基时加入少量凝固剂(一般用 0.5%～0.7%的琼脂)，冷凝后成为介于固体培养基和液体培养基之间的一种状态，没有流动性，但在剧烈振荡时能够破散。主要用于细菌的运动性观察、趋化性研究等

培养基的制备程序

——以牛肉膏蛋白胨培养基为例

由于培养基的种类较多，成分各异，其配制方法也不尽相同，本实验以常用的细菌基础培养基——牛肉膏蛋白胨培养基的配制为例，介绍培养基的一般配制程序。

一、实验目的

(1) 明确培养基的成分、作用及类型，掌握培养基制备的一般方法和步骤。

(2) 掌握高压蒸汽灭菌的基本原理、方法和适用范围。

二、实验原理

牛肉膏蛋白胨培养基是广泛应用的细菌基础培养基，是一种天然培养基，主要成分有牛肉膏、蛋白胨和 NaCl，其中牛肉膏和蛋白胨主要为微生物提供碳源、氮源和生长因子，而 NaCl 为微生物提供无机盐。另外，在配制固体培养基时，添加琼脂作为凝固剂，制备成固相介质。

三、实验用品

1. 药品试剂

牛肉膏、蛋白胨、NaCl、琼脂粉、NaOH、pH 试纸。

2. 实验器材

灭菌锅、天平、电炉、试管、锥形瓶、烧杯、量筒、分装器、牛皮纸、线绳等。

四、操作步骤

1. 称量

按培养基的配方比例依次称量除琼脂粉以外的其他成分溶于水中。一般用1/100的粗天平称量即可。

牛肉膏蛋白胨培养基配方：

牛肉膏	3.0 g
蛋白胨	10.0 g
NaCl	5.0 g
琼脂粉	15～20 g(不加琼脂粉为液体培养基)
水	1 000 mL
pH	7.4～7.6

另外，若有些培养基中含有某些难溶的成分，可先用少量的温水或少量的其他溶剂将其单独溶解后，再加入培养基中；若有些培养基成分需要量非常少，难以称量，可将这种成分单独配制成高浓度的溶液，再按比例取一定体积加入培养基中；若有些培养基成分不能高温高压灭菌，在配制时暂不加入该成分，需将其过滤除菌或通过其他方式除菌，待其他成分灭菌后，培养基使用前再按比例单独加入，混匀后使用。

2. 调节 pH

逐滴加入 1 mol/L 的 NaOH，调节 pH 至 7.4～7.6。要边加边搅拌，防止局部过酸或过碱，破坏培养基营养成分。要注意 pH 的调节不宜太过，以免影响培养基中各离子的浓度。

另外，若在培养基各成分溶解过程中对培养基进行了加热，需待培养基温度降至室温后再调节 pH。

3. 琼脂溶化

如果要配制固体培养基，则需在液体培养基的基础上按比例加入琼脂作为凝固剂。首先需要将液体培养基加热至即将沸腾(底部有少量的气泡冒出时为宜)，然后边搅拌边加入称量好的琼脂，控制好火力，不断搅拌至琼脂完全溶化，立即离开热源。

注意：

琼脂的加入应控制好速度，若加入太快，大量的琼脂来不及溶解，易下沉发生糊底现象，甚至被烧焦；若加入速度太慢，先加入的琼脂溶解后，在加热及搅拌的作用下产生大量气泡，后加入的琼脂因气泡的影响形成琼脂团块，难以再溶解。

4. 分装

配好的培养基根据实验需要进行分装后灭菌。培养基分装过程中，要注意不能玷污管口或瓶口，否则容易造成培养基污染。主要包括以下几种分装情况：

(1) 液体培养基分装

液体培养基一般可使用移液器、量筒等直接量取分装。

① 将液体培养基分装到锥形瓶中

一般根据实验所需培养基的量选择合适的锥形瓶型号，分装量一般不超过锥形瓶容积的 1/2。若分装量过多，高压灭菌时培养基容易溢出，造成污染和浪费。

② 将液体培养基分装到试管中

分装量以不超过试管高度的 1/4 为宜。

(2) 固体或半固体培养基分装

固体培养基或半固体培养基要趁热分装，以防琼脂凝固。分装试管时一般使用连有橡胶管并带夹子的玻璃漏斗或专用分装器进行(图 1-1-1)，制作平板用的培养基可直接倒入可密封的玻璃容器中灭菌。

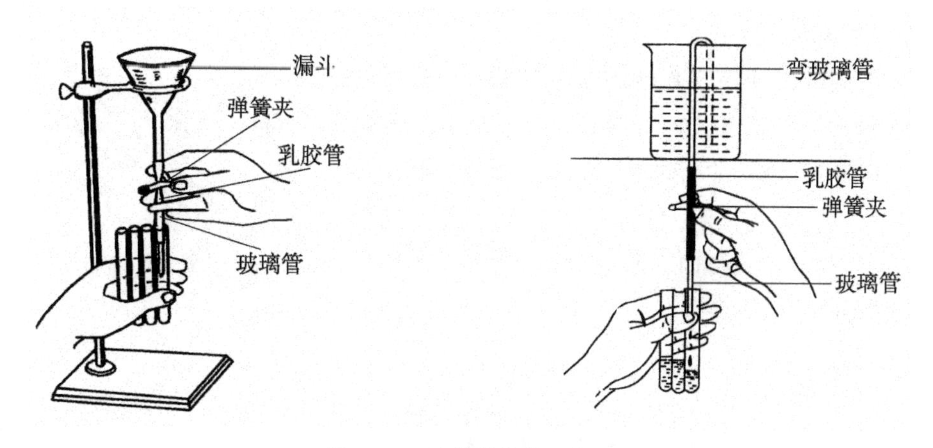

图 1-1-1 培养基分装示意图

(引自钱存柔等，2008；李振高等，2010，适当改动)

① 斜面培养基

若要制作斜面培养基，需将固体培养基分装到试管中，分装量可通过如下办法进行确定（图 1-1-2）：先用试管量取一定量的水，倾斜试管，使水流的前端到达试管长度的 1/2 处，另一端在试管底部的中央位置时，表示液体量适宜，然后将试管直立，以试管中的水量为参照，分装培养基，灭菌后搁置成试管斜面。

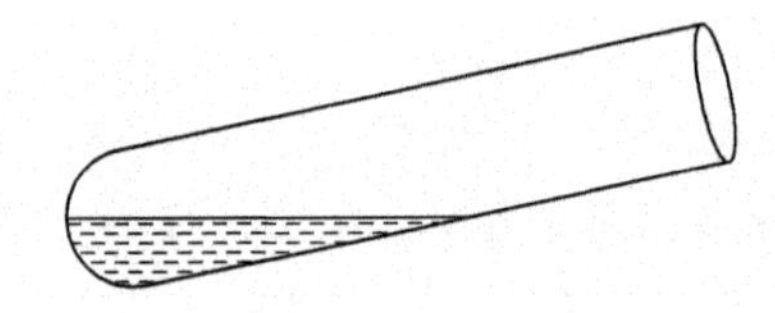

图 1-1-2　试管斜面分装量的确定方法示意图

② 平板培养基

若要制作平板培养基，则需将固体培养基或半固体培养基倒入锥形瓶等灭菌用容器中，统一灭菌后再制作平板。

③ 半固体试管培养基

若需将半固体培养基分装到试管中，分装量以试管高度的 1/3 左右为宜，灭菌后垂直待凝。

5. 灭菌

分装好培养基的试管或锥形瓶加盖或塞封口（不能完全密封，要留有排气孔），对于试管培养基，为了便于取放，待培养基凝固后用牛皮纸将若干支试管扎成一捆。分装好的培养基应立即灭菌，否则会因杂菌繁殖而导致培养基变质。若因特殊原因不能立即灭菌，应将培养基置冰箱中冷藏暂放，但时间不宜过久。培养基一般采用高压蒸汽灭菌，在 0.103 Mpa、121.3℃，灭菌 15～20 min，含糖培养基为了避免糖的焦化，一般采用 112.6℃灭菌 20～30 min。灭菌原理、操作及注意事项见微生物灭菌部分。

6. 搁置试管斜面

将灭菌的试管培养基冷却至 50℃左右（以防斜面上冷凝水太多），将试管口端搁在合适高度的支撑物上，使培养基液面的后端位于试管底的中央，顶部不宜超过试管长度的 1/2（图 1-1-3）。随培养基温度的降低，培养基在试管内自然凝固形成斜面，待培养基完全凝固后，收取备用。

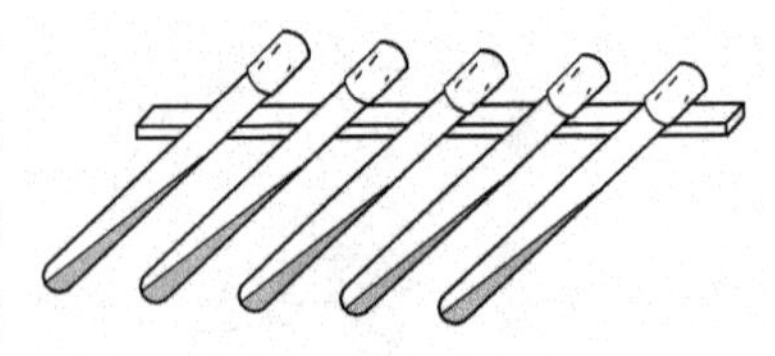

图 1-1-3　试管斜面的搁置示意图

注意：

在搁置斜面过程中应避免试管滚动，并避免移动试管，否则易形成扭曲的斜面，影响进一步细菌接种；或在试管壁上附着培养基，易造成污染。

7. 平板的制作

灭菌后的培养基如需倒平板，应将培养基冷却至 50℃左右，然后倒入预先灭菌并烘干的培养皿中。其方法(图 1-1-4)是：

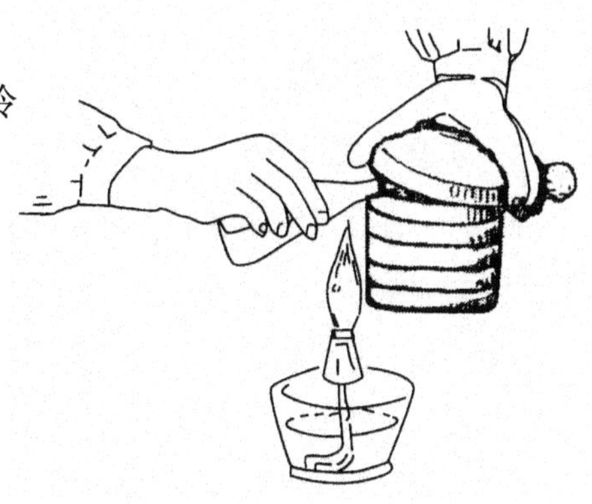

图 1-1-4　平板制作示意图

(引自李振高等，2010)

(1) 点燃酒精灯，打开经灭菌并烘干的培养皿包装，每次取 3 个培养皿作为一组，正放到水平台架或其他培养皿上，其高度在酒精灯火焰附近。

(2) 右手持盛培养基的锥形瓶，用手掌和小指夹住瓶塞，在火焰旁打开，将瓶口在火焰上灭菌。

(3) 左手的无名指和大拇指捏住最下面一个培养皿的盖子，食指按住最上面一个培养皿盖，轻轻用力倾斜，使最下面一个培养皿在火焰附近打开一缝，迅速倒入培养基 15～20 mL，然后盖上皿盖，培养基逐渐在培养皿中均匀平铺。

(4) 再将无名指和大拇指向上移动至第二个培养皿，以同样的方式继续打开第二个培养皿的盖，并倒入培养基，然后继续在最上面的培养皿中倒入培养基。

(5) 将 3 个培养皿同时取下，平置于桌面上，再取空的培养皿(3 个一组)，按照以上方法倒入培养基。

(6) 若培养基不能一次用完，可将剩余培养基密封后，冷藏待用。

(7) 待培养皿中的培养基凝固后即成平板，然后将培养皿倒置，备用。

注意：

(1) 在倒平板过程中，应避免将培养基滴落在培养皿的外部，以免造成污染。

(2) 一般应将培养基冷却至 50℃左右倒平板。如果温度过高，一方面培养皿盖上会产生较多的冷凝水，另一方面，容易造成烫伤；如果温度低于 50℃，培养基易于凝固而不能制作均匀的平板。

(3) 灭菌后的培养基要自然冷却，如果采用外部降温的方法可能造成瓶壁附近降温较快，培养基局部凝固，也无法制作均匀的平板。

8. 培养基检查

待培养基凝固后，要进行合格检查。看试管斜面培养基的长度是否合适，斜面是否扭曲，试管壁上是否有凝固的培养基；平板培养基是否均匀平整，培养皿外壁上是否沾染培养基。然后将培养基置 37℃、24 h，若无微生物生长即可使用。

五、实验报告

1. 实验结果

你制备的斜面培养基和平板培养基是否合格？若不合格，请分析原因。

2. 思考题

(1) 你认为要制作合格的培养基，应特别注意哪些操作步骤？

(2) 培养基配好后为什么必须立即灭菌？

(3) 采用高压蒸汽灭菌时，为确保灭菌效果，应注意哪些操作过程？

附：微生物的灭菌

灭菌是指采用较强烈的理化方法杀灭所有微生物的营养体、芽孢和孢子，使其失去生长繁殖能力。微生物的灭菌方法很多，在环境微生物实验中常用到的灭菌方法有：高压蒸汽灭菌、干热空气灭菌、紫外线杀菌、过滤除菌和灼烧灭菌等。

一、高压蒸汽灭菌

高压蒸汽灭菌是目前微生物实验中最常用的一种迅速且彻底的灭菌方法，可杀灭包括芽孢在内的所有微生物，适用于各种耐湿、耐高温、耐高压物品的灭菌。其过程和原理是：在灭菌锅的底部加入一定量的水，将待灭菌的物品放在锅内，通过水的加热，沸腾后产生大量的水蒸气，将锅内的冷空气从排气阀中驱出，然后关闭排气阀，继续加热，由于水蒸气不能溢出，使锅内的压力逐渐升高，沸点也随之增高，得到高于100℃的温度，使蛋白质凝固变性，导致微生物死亡，达到灭菌的目的。

操作步骤及注意事项：

(1) 向锅内加水至水位线，加水量不能过少，以防水烧干而引起灭菌锅炸裂事故。

(2) 装入待灭菌物品，注意物品堆放不宜过密，以免妨碍蒸汽流通而影响灭菌效果。另外，瓶口或管口不能与锅内壁接触，否则，下流的冷凝水会淋湿封口纸并进入瓶内或管内。

(3) 旋紧灭菌锅盖上的螺栓(手轮)，并将排气阀打开，以排除锅内的冷空气。有些灭菌锅在排气阀外装有汽液分离器，可自动地排出冷空气。

(4) 打开电源，设置灭菌的温度和时间，开始灭菌。

(5) 待锅内冷空气完全排尽后，关上排气阀，锅内的温度随压力增加而逐渐上升，当达到设定的温度和压力后，按照设定的时间，维持压力和温度。

注意：

锅内冷空气的排除是否完全极为重要，直接影响灭菌效果。因为空气的膨胀压大于水蒸气的膨胀压，所以，当灭菌锅内残留有部分空气时，在同一压力下，锅内温度低于饱和蒸汽的温度，会大大降低灭菌效果。

(6) 当设定的时间结束后，停止加热，关闭电源，让灭菌锅内的压力和温度自然下降。

注意：

不能通过打开排气阀或安全阀放气，促使锅内减压，否则会因为压力的骤然降低而损伤锅内物品，如锅内有液体，可能会冲出容器，造成污染；如有玻璃器皿，可能会炸裂。

(7) 当压力表显示压力降至“0”时，打开排气阀，平衡锅内外压力，打开灭菌锅盖，取出灭菌物品。

注意：

压力一定要降到“0”时才能打开排气阀，开盖取物。否则会因锅内压力突然下降，锅内培养基或其他液体由于内外压力不平衡而冲出，造成污染，甚至灼伤操作者。

二、干热空气灭菌

干热空气灭菌是利用热空气直接穿透物体，达到灭菌的目的，一般采用灭菌箱进行，适用于玻璃器皿、瓷器、金属物品等的灭菌。灭菌时间根据灭菌温度的不同而不同，一般来说，135℃～140℃持续灭菌 3～5 h，160℃～170℃持续灭菌 2～4 h，180℃～200℃持续灭菌 0.5～1 h。干热灭菌时，物品的数量不宜过多，堆放不易过密，以免影响热空气的对流和对物品的穿透力。灭菌完毕，关闭电源，灭菌箱温度自然下降，待温度降至 60℃以下时，才能开门取物，否则会因温度骤降造成灭菌器皿的破裂。

与高压蒸汽灭菌相比，在同一温度下，干热灭菌效果比湿热灭菌要差，一方面，因为蛋白质的凝固性与其含水量有关，含水量越高，蛋白质越容易变性，微生物更易于死亡；另一方面，高温水蒸气对蛋白质的穿透力比干热空气的穿透力要强，从而加速蛋白质变性和微生物的死亡；三是湿热的水蒸气有潜热存在，能迅速提高被灭菌物体的温度，从而提高灭菌的效果。

三、紫外线杀菌

紫外线杀菌一般采用紫外灯作为紫外光源，紫外灯是一种低压汞石英灯，能够发射出波长为 253.7 nm 和 185 nm 的紫外线，其中，253.7 nm 波长的紫外线杀菌力最强，能够使 DNA 链上相邻的两个嘧啶通过共价键结合形成嘧啶二聚体，从而干扰 DNA 的正常碱基配对，影响 DNA 的复制，导致细菌死亡或变异。同时，在 185 nm 波长紫外线的作用下，大气中的氧被电离成[O]，[O]再将氧气氧化生成臭氧，或将水氧化成过氧化氢。臭氧和过氧化氢可起到协同杀菌的作用。但是,由于紫外线的穿透能力差,一般用于空气、物体表面的灭菌及生产用水的消毒。最适杀菌温度范围是20℃～40℃,环境的相对湿度应在60%以下。根据照射定律,杀菌效果与辐射强度成正比,与距离的平方成反比,有效区一般为紫外灯周围1.5～2 m,杀菌时间应持续30 min。

另外,使用紫外线杀菌需要注意光复活作用,因为大多数微生物细胞内含有光复活酶,该酶可被可见光激活,从而能够修复由于紫外线损伤造成的嘧啶二聚体,因此,在紫外线灭菌时或灭菌后短期内要避免可见光的照射。

四、过滤除菌

过滤除菌是利用物理阻留的方法截留液体或气体中的细菌。常用孔径为0.22 μm的微孔滤膜作为滤材,若要除去病毒或支原体等,需要使用更小孔径的滤膜。由于过滤速度较慢,过滤除菌法一般用于热不稳定的少量药品溶液或气体的除菌,不影响物质的化学成分。

五、灼烧灭菌

灼烧灭菌是将待灭菌物品直接在火焰上灼烧,从而把微生物烧死,达到彻底灭菌的目的。但由于该方法对灭菌物品的破坏性大,使用范围非常有限,常用于无菌操作时对接种环、金属器械、试管口、瓶口等的灭菌。

【参考文献】

1. 常学秀,张汉波,袁嘉丽.环境污染微生物学[M].北京:高等教育出版社,2006.
2. 李振高,骆永明,滕应.土壤与环境微生物研究法[M].北京:科学出版社,2010.
3. 钱存柔,黄仪秀.微生物学实验教程[M].第2版.北京:北京大学出版社,2008.
4. 沈萍,陈向东.微生物学实验[M].第4版.北京:高等教育出版社,2008.
5. 赵斌,何绍江.微生物学实验[M].北京:科学出版社,2008.
6. 周德庆.微生物学实验教程[M].第2版.北京:高等教育出版社,2006.

实验1-2　环境样品中微生物的分离、纯化及接种技术

一、实验目的

(1) 学习并掌握微生物分离、纯化及接种技术。

(2) 了解无菌操作的重要性。

二、实验原理

微生物的分离、纯化及接种技术是微生物学研究常用的、也是最重要的基本技术，技术的关键是要严格按照无菌操作规范进行。微生物的分离、纯化是指从混杂的微生物类群中获得某一种微生物的纯培养技术，主要包括：稀释涂布平板法、稀释混合平板法、平板划线分离技术；微生物接种是指在无菌条件下，用接种环、接种针、接种铲、移液器等把微生物移植到培养基或其他基质上，主要包括斜面接种、平板接种、液体接种和穿刺接种等技术。

三、实验用品

1. 菌种

金黄色葡萄球菌(*Staphylococcus aureus*)和大肠杆菌(*Escherichia coli*)。

2. 培养基

牛肉膏蛋白胨培养基。

3. 实验器材

接种环、接种针、玻璃涂棒、移液器、酒精灯、试管架、灭菌锅、培养箱、超净台、旋涡混合器、试管、培养皿等。

4. 其他

无菌生理盐水：配制 0.85%～0.90%的 NaCl 溶液，分装于试管中，每管 9 mL；分装于带玻璃珠的锥形瓶中，每瓶 90 mL。121℃灭菌备用。

四、操作步骤

（一）稀释涂布平板法

1. 样品采集

采取感兴趣的环境样品，如土壤、河水或湖水等，作为分离纯化的菌源。

2. 样品稀释

若为水样，可直接进行10倍系列梯度稀释。先将样品摇匀，取样品1 mL，转移至含有9 mL灭菌生理盐水的试管中，在旋涡混合器上混合均匀，成为稀释度为10^{-1}的菌悬液；再自10^{-1}的菌悬液中取1 mL至含有9 mL灭菌生理盐水的试管中，混匀，依此类推，制成稀释度分别为10^{-1}、10^{-2}、10^{-3}、10^{-4}、10^{-5}的菌悬液。若水样中细菌数量较多，可酌情增加稀释倍数(图1-2-1)。

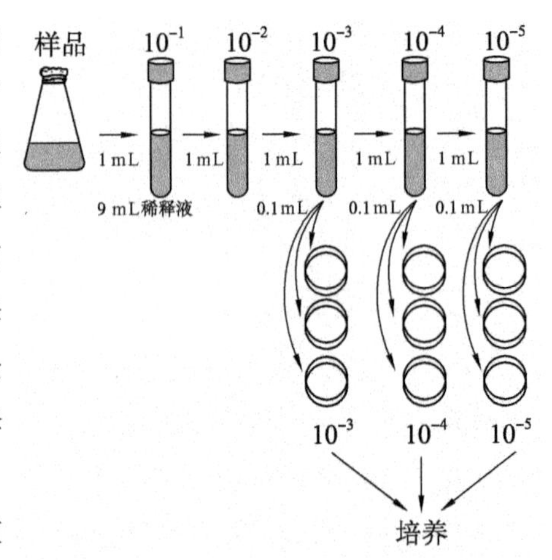

图1-2-1　样品的稀释和接种示意图

若为土样等固体样品，称取10 g土样，放入盛90 mL无菌水并带有玻璃珠的锥形瓶中，振摇约20 min，使土样均匀分散，静置片刻，取上清液按照以上方法进行梯度稀释，制成稀释度分别为10^{-1}、10^{-2}、10^{-3}、10^{-4}、10^{-5}的菌悬液。若样品中细菌数量较多，可酌情增加稀释倍数。

3. 平板接种

(1) 点燃酒精灯，取平板培养基用支撑物踮起至酒精灯火焰的高度。

(2) 分别取样品最后3个稀释度的菌悬液各100 μL，滴加到相应标记的平板培养基中央。

(3) 右手持蘸有酒精的玻璃涂棒，在酒精灯火焰上将酒精烧掉，从而将玻璃涂棒灭菌。

图1-2-2　平板涂布示意图

（引自J. P. 哈雷著，谢建平等译，2012，适当改动）

(4) 平板涂布(图1-2-2)，用左手的大拇指和中指将培养皿盖打开一条缝，将玻璃涂棒伸入培养皿中，待冷却后，用左手的无名指逆时针转动平板，右手持玻璃涂棒顺时针在平板表面涂布，使滴加的菌液均匀分布于整个平板上。

(5) 最后，取出玻璃涂棒，火焰上轻微灼烧灭菌后，放置在酒精中。

(6) 每一稀释度至少做 3 个培养皿。

(7) 将平板倒置培养，观察菌落(彩图 1)特征，并进行菌落计数。

(二) 稀释混合平板法

稀释混合平板法与稀释涂布平板法相似，不同之处在于涂布法是将菌悬液直接滴加到已经凝固的平板培养基上，再将其涂布均匀；稀释混合平板法是将菌悬液先加到无菌的空培养皿中，然后再倒入 45℃左右的培养基，混合均匀，待培养基凝固后培养。

1. 样品采集和样品稀释

样品采集和样品稀释过程同稀释涂布平板法。

2. 平板接种

(1) 点燃酒精灯，取无菌培养皿用支撑物踮起至酒精灯火焰的高度。

(2) 分别取样品最后 3 个稀释度的菌悬液各 100 μL，滴加到相应标记的无菌培养皿中央。

(3) 在火焰附近打开 45℃保温的固体培养基瓶塞，用左手的大拇指和中指将培养皿盖打开一条缝，倾注 20 mL 左右的培养基，立即盖上皿盖，轻轻摇匀，使菌液和培养基混合均匀。

注意：

培养基温度要严格控制，温度太高，会造成部分菌体死亡，温度太低，培养基凝固，无法制成均匀的平板。

(4) 使培养皿平置于桌面上，凝固后倒置培养。

(5) 每一稀释度至少做三个平行。

(三) 平板划线分离

1. 灭菌

右手持接种环在火焰上灼烧灭菌。

2. 取菌

左手取长有混合菌落的培养皿，在火焰附近，用中指、无名指和小指托住皿底，大拇指和食指夹住皿盖，将培养皿稍倾斜，食指稍用力将皿盖掀开一缝，右手将接种环伸入培养皿内冷却，然后挑取实验所需的菌落。再将皿盖盖好，倒放在桌面上。

3. 划线(图 1-2-3)

按照以上方法在火焰附近打开另一空白平板培养基，将带菌接种环伸入培养皿中，在

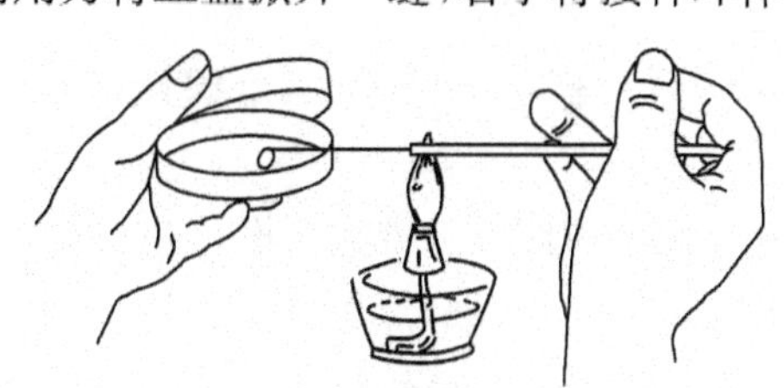

图 1-2-3　平板划线操作示意图

平板上轻轻划线(切勿划破培养基)。

划线的方式有很多,常用的有三区法和四区法,这里介绍分离效率最高的四区接种法(图 1-2-4)。该法是将平板培养基分成四个不同面积的小区,依次为 A、B、C、D 区,为了充分利用整个平板培养基,各区之间的交角在 120℃左右,为了得到较多的单菌落,四区面积的分配应是 D>C>B>A。

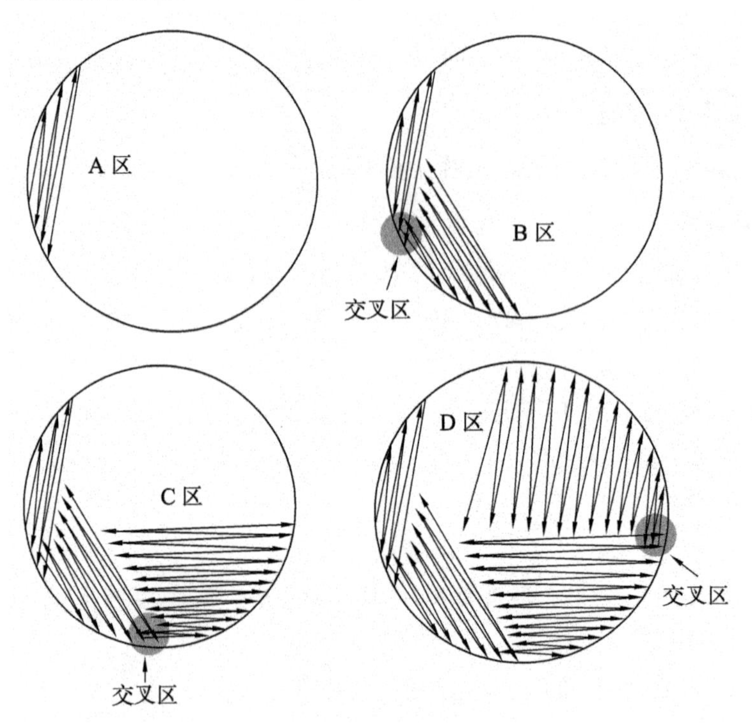

图 1-2-4　平板划线分离的四区法

划线操作步骤为:

(1) 先在 A 区划折线,3～4 个来回。

(2) 取出接种环,盖上皿盖,立即在酒精灯火焰上烧掉残留的细菌。

(3) 用大拇指和食指捏住培养皿,让培养皿在重力作用下缓慢转动至手掌位置停止,转动角度应为 60°。手持方向与垂直方向的夹角一般为 45°左右,具体部位根据个人手掌大小确定合适的位置,正好使培养皿转动 60°(图 1-2-5)。手持力度要适宜,既能使培养皿缓慢转动,又不使其跌落下来。

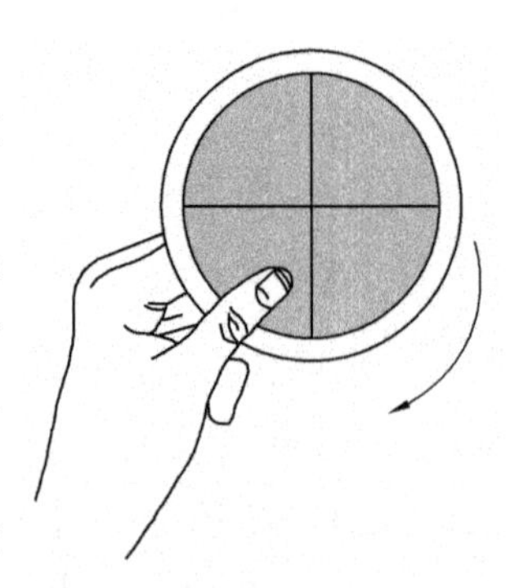

图 1-2-5　培养皿转动示意图

(4) 按照以上方式再次打开平板,将接种环在培养皿内冷却后,通过 A 区划线至 B 区 1～2 个来回,然后在 B 区连续划折线,不能再与 A 区的线相交。

(5) 再次灼烧接种环,按照以上方式转动培养皿,再通过 B 区划线至 C 区,再通过 C 区划线至 D 区,逐级稀释,但注意每区的线条除了开始的 1～2 个来回要交叉外,其他线条不能与其他区有接触，否则影响单菌落的形成。

(6) 最后将接种环上残余的菌烧掉，以免污染环境。

(7) 盖好皿盖，倒置培养。观察分离的单菌落(彩图 2)。

(四) 试管斜面接种

1. 单试管接种法(平板→斜面；图 1-2-6)

(1) 取菌：按照以上方法从平板上挑取单菌落。

(2) 划线：左手从试管架上取一支试管斜面，用左手的拇指和食指押住试管，使试管稍倾斜，在火焰附近，用右手小指和手掌夹住试管帽，拔出(**注意**：*试管帽一直要夹在手中*)。

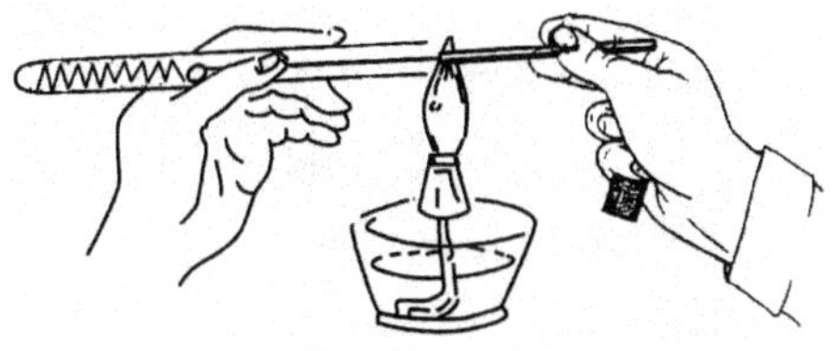

图 1-2-6　单试管接种操作示意图

(3) 试管口在火焰上微烧一周，除掉可能沾染的微生物。

(4) 将带菌的接种环伸入试管底部，如果底部有冷凝水，注意不要接触冷凝水，然后在斜面上由底部向上划蛇形线，划至斜面的顶端，拔出接种环，扣上试管帽。

(5) 灼烧接种环，以免污染环境，并将试管放在试管架上，准备培养。

(6) 培养后观察斜面上生长的细菌情况(彩图 3)。

2. 双试管接种法(斜面→斜面；图 1-2-7)

(1) 取一支斜面菌种和一支待接种的斜面培养基，用左手的拇指和食指押住两支试管，中指将两支试管稍稍分开，面向斜面。

(2) 右手取接种环，在火焰上灼烧，对所有可能进入试管的部分灭菌。

(3) 在火焰附近，用右手小指、无名指和手掌同时夹住两个试管帽，将其拔出(**注意**：*试管帽要一直夹在手中*)。

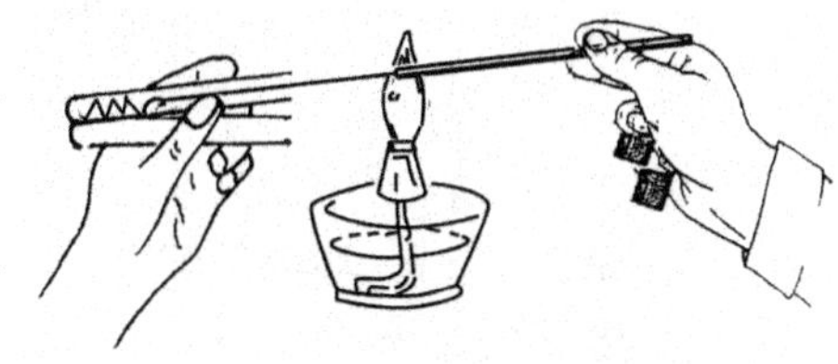

图 1-2-7　双试管接种操作示意图

(4) 将两个试管的口部在火焰上微烧除菌，将接种环伸入管内冷却后，挑取少许菌种。迅速伸入另一试管底部，按照单试管接种法在斜面上由底部向上划蛇形线。

(5) 最后，将两个试管帽同时盖好，并灼烧接种环。

(6) 培养观察。

(五) 液体接种

1. 斜面→液体

(1) 左手取一斜面培养基，按照单试管接种的操作方法，用拇指和食指夹住，使试管稍倾斜；右手持接种环，并灼烧灭菌；然后用右手小指和手掌夹住试管帽，并拔出；将接种环伸入试管中，挑取少许菌种。

(2) 盖上试管帽，将试管置试管架上，再打开液体培养基管塞或瓶塞。

(3) 将接种环伸入液体培养基中，并使接种环在培养基中与管壁轻轻摩擦，让菌体分散于培养基中。

（4）盖上管塞或瓶塞，灼烧接种环上残余的细菌。

（5）培养观察(图 1-2-8)。

2. 液体→液体

（1）点燃酒精灯，取移液器，在火焰附近打开枪头盒，装在移液器上。

（2）在火焰附近打开菌液和新鲜培养液的瓶塞或管塞，用移液器取一定量的菌液，立即注入新鲜的培养液中。

（3）将移液器枪头卸下，置烧杯中，待灭菌、清洗处理。

（4）培养观察(图 1-2-8)。

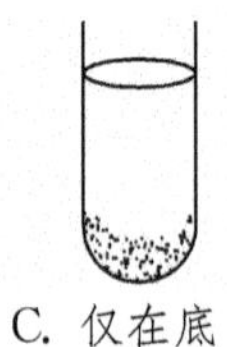
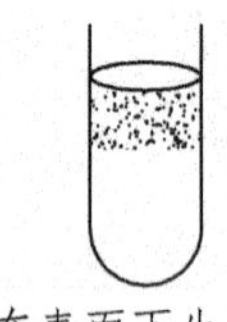
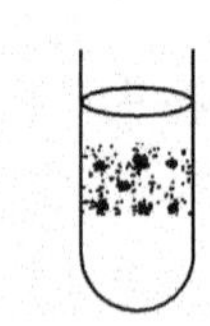

A. 培养液混浊，菌体分散均匀　B. 仅在表面生长　C. 仅在底部生长　D. 在表面下生长，不低于中心位置　E. 在表面下生长，形成疏松的球状

图 1-2-8　液体培养基中典型的细菌生长情况

（引自 J. P. 哈雷著，谢建平等译，2012）

（六）穿刺接种

（1）使用接种针进行取菌和接种，取菌方式同接种环。

（2）左手取半固体培养基，拿取方式同单试管接种。

（3）将接种针插入半固体培养基内部至培养基的 3/4 处，再沿原路退出，注意要使穿刺线整齐(图 1-2-9)。

（4）盖上试管帽，灼烧接种针。

（5）培养观察(图 1-2-9)。

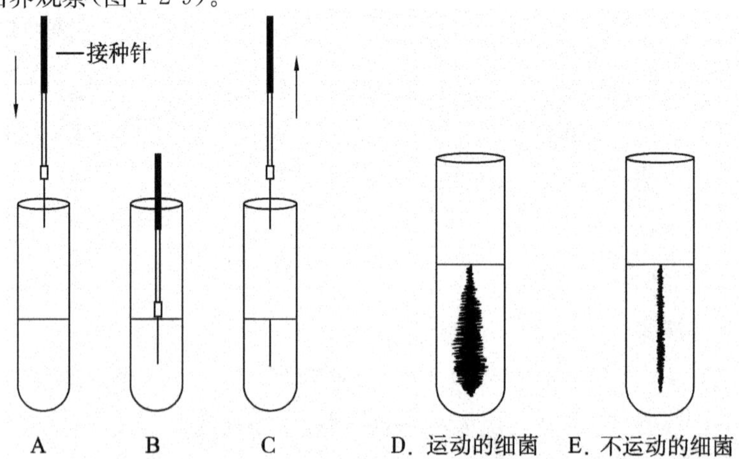

图 1-2-9　穿刺接种操作过程(A、B、C)及细菌培养特征(D、E)示意图

（引自 J. P. 哈雷著，谢建平等译，2012）

五、实验报告

(1) 你对微生物的分离、纯化及接种技术掌握程度如何？实验结果存在什么问题？请分析问题存在的原因。

(2) 在平板划线分离时，为什么要反复将接种环上的残余物烧掉？

(3) 你认为各种微生物的分离、纯化及接种操作技术获得成功的关键点有哪些？

【参考文献】

1. [美]J. P. 哈雷. 图解微生物实验指南[M]. 第7版. 谢建平等，译. 北京：科学出版社，2012.

2. 钱存柔，黄仪秀. 微生物学实验教程[M]. 第2版. 北京：北京大学出版社，2008.

3. 沈萍，陈向东. 微生物学实验[M]. 第4版. 北京：高等教育出版社，2008.

4. 赵斌，何绍江. 微生物学实验[M]. 北京：科学出版社，2008.

5. 周德庆. 微生物学实验教程[M]. 第2版. 北京：高等教育出版社，2006.

实验1-3　环境样品中细菌菌落总数的测定

一、实验目的

应用无菌操作技术，学习并掌握平板菌落计数的基本原理和方法。

二、实验原理

平板菌落计数法是将待测样品适当稀释，使其中的微生物充分分散成单个细胞，将一定量的单细胞悬液接种到平板培养基上，经过培养，每个单细胞在固体培养基上生长繁殖而形成肉眼可见的菌落，也就是说，平板上的一个单菌落即代表接种样品中的一个单细胞。计数平板上的菌落数，根据样品的稀释倍数和接种量换算出原样品中的含菌数，以 CFU/mL 或 CFU/g 表示。

另外，由于待测样品中的微生物可能未完全分散成单个细胞，因此，往往会使结果偏低；另外，并非样品中的所有单细胞都能在培养基上繁殖形成可见菌落，因此，平板菌落计数法只能计数那些能在接种培养基及培养条件下生长的可培养菌，由于环境中存在大量的不可培养菌，因此，该方法的应用具有一定的局限性，仅适用于了解样品中可培养微生物的信息。

三、实验用品

1. 培养基

牛肉膏蛋白胨平板培养基。

2. 实验器材

玻璃涂棒、移液器、酒精灯、灭菌锅、培养箱、超净台、旋涡混合器、培养皿等。

3. 其他

无菌生理盐水：配制 0.85%～0.90%的 NaCl 溶液，分装于试管中，每管 9 mL；分装于带玻璃珠的锥形瓶中，每瓶 90 mL。121℃灭菌备用。

四、操作步骤

1. 样品采集、接种及培养

采取感兴趣的环境样品，如土壤、河水或湖水等，用无菌容器带回实验室。按照稀释涂布平板法接种牛肉膏蛋白胨平板培养基，将接种的培养皿倒置于 37℃ 恒温培养箱中培养 1～2 天，观察记录结果。

2. 菌落计数

从培养箱中取出接种平板，分别进行菌落计数。平板计数及样品菌落总数的计算，应掌握以下原则：

（1）首先选择平均菌落数为 30～300 的稀释度计算样品的菌落总数。而且，同一稀释度的重复平板上的菌落数不能相差悬殊，如相差较大，则该稀释度不能用来计算样品的菌落总数。

（2）若平板上有大片的菌苔形成，不能用于计数；若菌苔位于平板的一侧，而且面积不到平板面积的一半，平板的其余部分菌落分布均匀时，可将平板面积平分为两部分，计数不含菌苔的那部分平板上的菌落数再乘以 2，表示该平板的菌落数。

（3）若所有稀释度的平板上的平均菌落数均不在 30～300 之间，则以最接近 30 或 300 的稀释度计算样品的菌落总数。

（4）若有两个不同稀释度的平均菌落数为 30～300，则按两个稀释度分别计算的样品菌落总数的比值来决定。若比值小于 2，以两个稀释度分别计算的样品菌落总数的平均值作为最终结果；若比值大于或等于 2，则取其中较小的稀释度计算样品菌落总数。

表 1-3-1　稀释度的选择及样品菌落总数的计算实例

实例	不同稀释度的平均菌落数			两个稀释度菌落总数的比值	样品的菌落总数（CFU/mL）
	10^{-1}	10^{-2}	10^{-3}		
1	1 365	164	20	—	1.64×10^{4}
2	多不可计	1 650	513	—	5.13×10^{5}
3	27	11	5	—	270
4	多不可计	305	12	—	3.05×10^{4}
5	2 760	295	46	1.6	3.78×10^{4}
6	2 890	271	60	2.2	2.71×10^{4}
7	150	30	8	2	1 500

* 引自 GB/T 5750.12-2006，适当改动。

五、实验报告

1. 实验结果

将实验结果记录在下表内，并根据平板上的菌落数、样品稀释倍数和接种量计算样品中细菌的菌落总数。

表 1-3-2　记录表

（水样单位：CFU /mL；土样单位：CFU/g）

<table>
<tr><td>样品稀释度</td><td colspan="3"></td><td colspan="3"></td><td colspan="3"></td></tr>
<tr><td>接种量</td><td colspan="3"></td><td colspan="3"></td><td colspan="3"></td></tr>
<tr><td>菌落数</td><td></td><td></td><td></td><td></td><td></td><td></td><td></td><td></td><td></td></tr>
<tr><td>平均菌落数</td><td colspan="3"></td><td colspan="3"></td><td colspan="3"></td></tr>
<tr><td>样品中细菌菌落总数</td><td colspan="3"></td><td colspan="3"></td><td colspan="3"></td></tr>
</table>

2. 思考题

根据实验结果，请分析准确进行平板菌落计数应该注意哪些关键操作。

【参考文献】

1. GB/T5750. 12-2006 生活饮用水标准检验方法微生物指标[S].
2. 沈萍，陈向东. 微生物学实验[M]. 第 4 版. 北京：高等教育出版社，2008.
3. 周德庆. 微生物学实验教程[M]. 第 2 版. 北京：高等教育出版社，2006.

实验1-4 细菌的染色及形态观察

细菌细胞小且无色透明，直接用显微镜观察时，菌体和背景之间没有显著的色差，难以清楚地观察其形态，更不易识别其结构。因而，用普通光学显微镜观察细菌时，往往需要先对细菌进行染色，使菌体与背景形成鲜明的对比，借助于颜色的反衬作用，鉴别细菌并观察细菌的形态特征及某些细胞结构。细菌染色主要分为简单染色法和复染色法。其中简单染色法是使用一种染液使菌体着色，从而能够观察菌体的形态、大小等一般特征，常用的染料有美蓝、结晶紫、碱性复红等。复染色法使用两种或两种以上的染液使细菌细胞着色，不仅能够观察菌体的形态特征，而且能够进行细菌鉴别及特殊结构观察。根据不同的实验目的，常用的复染色法有革兰氏染色法、芽孢染色法、鞭毛染色法、荚膜染色法等，其中，革兰氏染色法是细菌学中最重要的分类和鉴别染色法，下面以革兰氏染色法为例介绍细菌染色的一般过程及操作技术。

一、实验目的

(1) 了解细菌的染色方法，掌握革兰氏染色的原理及操作技术。

(2) 初步认识细菌的形态特征。

二、实验原理

革兰氏染色法(Gram stain)是1884年丹麦病理学家Hans Christian Gram创立的，而后一些学者在此基础上作了改进。革兰氏染色法不仅能观察到细菌的一般形态，而且将细菌分为革兰氏阳性和革兰氏阴性两大类。革兰氏染色法的基本过程是：初染(结晶紫)→媒染(碘液)→脱色(乙醇或丙酮)→复染(番红)→镜检。

1. 初染

菌体先用初染剂结晶紫进行染色。结晶紫呈碱性，电离时，其分子的染色部分带正电荷，而细菌细胞在中性、碱性或弱酸性溶液中通常带负电荷，因此，呈碱性的结晶紫染料很容易与细菌细胞结合使菌体着色，呈现结晶紫的蓝紫色。

2. 媒染

碘是常用的媒染剂，它能与结晶紫结合成结晶紫一碘的不溶性复合物，从而增加染料与细菌细胞之间的结合力。

3. 脱色

脱色的目的是将被着色的细胞脱去颜色，常用乙醇、丙酮等作为脱色剂。当用脱色剂处理两类细菌时，由于两类细菌细胞壁的结构和组成不同(图 1-4-1)，会产生不同的脱色效果。

革兰氏阳性菌的细胞壁主要由肽聚糖交联而成结构致密的网状结构，肽聚糖层较厚，而且类脂(脂质)含量低，用乙醇(或丙酮)脱色时，由于细胞壁脱水，使肽聚糖网状结构孔径缩小，通透性降低，从而使结晶紫-碘的复合物不易被洗脱而保留在细胞内，经脱色和复染后仍保留初染剂的蓝紫色。革兰氏阴性菌由于细胞壁肽聚糖层比较薄，网状结构交联松散，而且类脂(脂质)含量高，当进行脱色处理时，类脂质(脂质)被乙醇(或丙酮)溶解，细胞壁通透性增加，使结晶紫-碘的复合物比较容易洗脱出来，当复染后，细胞将被染上复染剂的颜色。

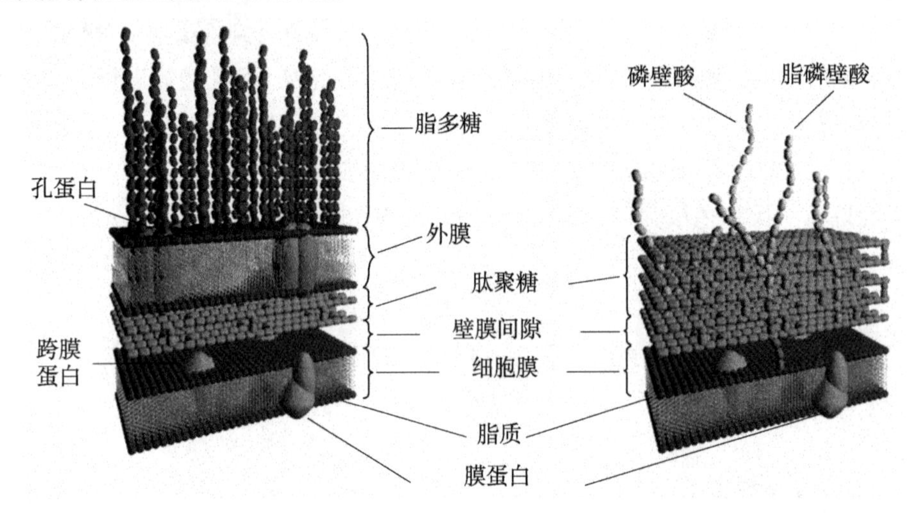

图 1-4-1 革兰氏阴性菌和革兰氏阳性菌的细胞壁结构示意图

(引自迈尔等编著，刘和等导读，2010)

4. 复染

复染是使被脱色的细菌细胞染上不同于初染液的颜色，而未被脱色的细胞仍然保持初染的颜色，从而将细菌区分成革兰氏阳性(G^+)和革兰氏阴性(G^-)两大类群。常用番红作为复染液，它也是一种碱性染料，其颜色不同于结晶紫，从而与初染的颜色形成鲜明的对比，但复染的颜色不宜过强，以免掩盖初染的颜色。

5. 镜检

将复染后的细胞在显微镜下观察，若细胞保持初染剂结晶紫的蓝紫色，则为革兰氏

阳性菌;若细胞中初染剂的颜色被洗脱,使细菌染上复染剂的红色,则为革兰氏阴性菌。

三、实验用品

1. 菌种

标准菌株:革兰氏阴性菌——大肠杆菌(*Escherichia coli*)或革兰氏阳性菌——金黄色葡萄球菌(*Staphylococcus aureus*)。

待测菌株:从环境样品中分离的优势菌。

2. 染色液

(1) 草酸铵结晶紫溶液

A液:将2 g结晶紫溶于20 mL 95%的乙醇中。

B液:将0.8 g草酸铵溶于80 mL蒸馏水中。

将A、B两液混合,静置24 h,过滤使用。

(2) 鲁革氏碘液

将2 g碘化钾溶于5～10 mL蒸馏水中,再加入1 g碘,待碘溶解后,加水至300 mL。

(3) 0.5%的番红溶液

将0.5 g番红溶于20 mL乙醇中,待番红溶解后,加入80 mL蒸馏水。

3. 实验器材

显微镜、载玻片、接种环、酒精灯、废液缸、搁架、吸水纸、镜油等。

4. 其他

蒸馏水或生理盐水。

四、操作步骤

1. 制片

取一干净的载玻片,平放在桌面上,在载玻片两端分别加一小滴蒸馏水或生理盐水(图1-4-2a),将接种环灭菌后,从试管斜面或液体培养液中分别取少量已知的标准菌和待测菌,然后在玻片上的蒸馏水中涂布,形成一层均匀的菌膜(图1-4-2b),待菌膜自然干燥后,手持玻片,带有菌膜的一面朝上,通过火焰3～4次,将菌体固定在玻片上(图1-4-2c)。

注意:

(1) 待测菌和已知的标准菌都要使用对数生长期的培养物进行革兰氏染色。若阳性菌培养时间过长,由于菌体死亡或自溶,常呈阴性反应,因此,要严格控制菌龄。

(2) 在一个载玻片上同时进行标准菌株和待测菌株的染色,可以通过标准菌株的染色结果来判断染色操作是否正确，待测菌株的染色结果是否可靠。

(3) 取菌量不易太多，否则菌膜过厚，脱色不完全会造成假阳性。

(4) 火焰固定目的是使细菌蛋白质凝固，从而固定细胞形态，并使细胞牢固附着在载玻片上，因此，固定时玻片不宜过热（以玻片不烫手为宜），否则会破坏细胞形态，甚至造成菌体焦化。

2. 初染

将载玻片平放在废液缸的搁架上，使带有菌膜的一面朝上，在菌膜上滴加结晶紫，将菌膜覆盖（图 1-4-2d），染色 1～2 min，倾斜玻片，弃去结晶紫，然后用蒸馏水冲洗残余的染液（图 1-4-2e）。

注意：

水洗时不能直接冲洗菌膜位置，要使水从载玻片的一端向另一端缓缓流下，以免造成菌膜脱落。

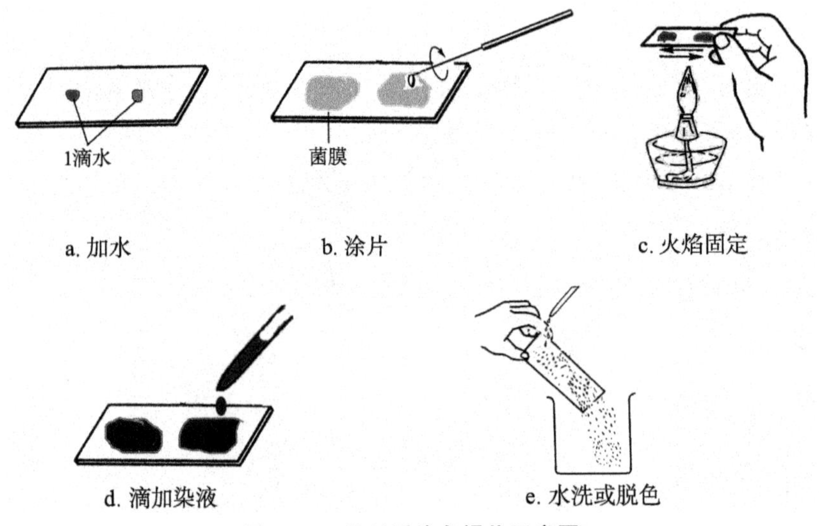

图 1-4-2　革兰氏染色操作示意图

3. 媒染

再用碘液冲去玻片上的残水，将载玻片平放在搁架上，滴加碘液覆盖菌膜 1 min，倾斜玻片，弃去碘液，然后用蒸馏水冲洗。

4. 脱色

用滤纸吸去玻片边缘的残水，将玻片倾斜，然后滴加 95％的乙醇脱色，当流下的乙醇刚刚不出现紫色时，立即停止滴加乙醇，水洗。

注意：

乙醇脱色是革兰氏染色的重要环节。脱色不足，阴性菌被误认为阳性菌；脱色过度，阳性菌被误认为阴性菌。所以，脱色时乙醇的滴加速度不宜过快，要仔细观察流下

的乙醇颜色。为便于观察，可用手指夹住一张洁净的白色滤纸作为白色背景衬托在玻片下方，为避免玻片下端残留的带紫色的乙醇对结果观察造成的影响，当流下的乙醇颜色变淡时，可先用吸水纸擦去玻片下端的残留液体，再继续滴加乙醇。

5. 复染

再将玻片平放在废液缸的搁架上，滴加番红覆盖菌膜约 2 min，水洗。

6. 镜检

将玻片边缘及背面的残水用吸水纸擦干，待玻片自然干燥，置显微镜下用高倍镜或油镜观察。菌体被染成蓝紫色的为革兰氏阳性菌，菌体被染成红色的为革兰氏阴性菌。要先观察已知的标准菌株的染色结果，若结果正确，再将待测菌株调至视野中，观察并记录染色结果及菌体形态。

五、实验报告

1. 实验结果

(1) 标准菌株和待测菌株分别是革兰氏阳性菌还是革兰氏阴性菌？染色结果是否可靠？

(2) 根据你的镜检结果，分别绘制标准菌株和待测菌株的细胞形态图。

2. 思考题

(1) 要使革兰氏染色结果正确可靠，必须注意哪些操作过程？为什么？

(2) 革兰氏染色过程中为什么要进行火焰固定？被固定死亡的菌体和自然死亡的菌体的革兰氏染色结果有什么不同？

(3) 革兰氏染色过程中哪一个操作步骤可以省略而不影响最终结果？省略后革兰氏阳性菌和革兰氏阴性菌最终分别是什么颜色？为什么？

附：普通光学显微镜

一、普通光学显微镜的主要构造

普通光学显微镜的构造主要分为两部分：机械部分和光学部分。

1. 机械部分

显微镜的机械部分主要包括镜座、镜臂、镜筒、物镜转换器、载物台、(粗/细)调节器等(图 1-4-3)。

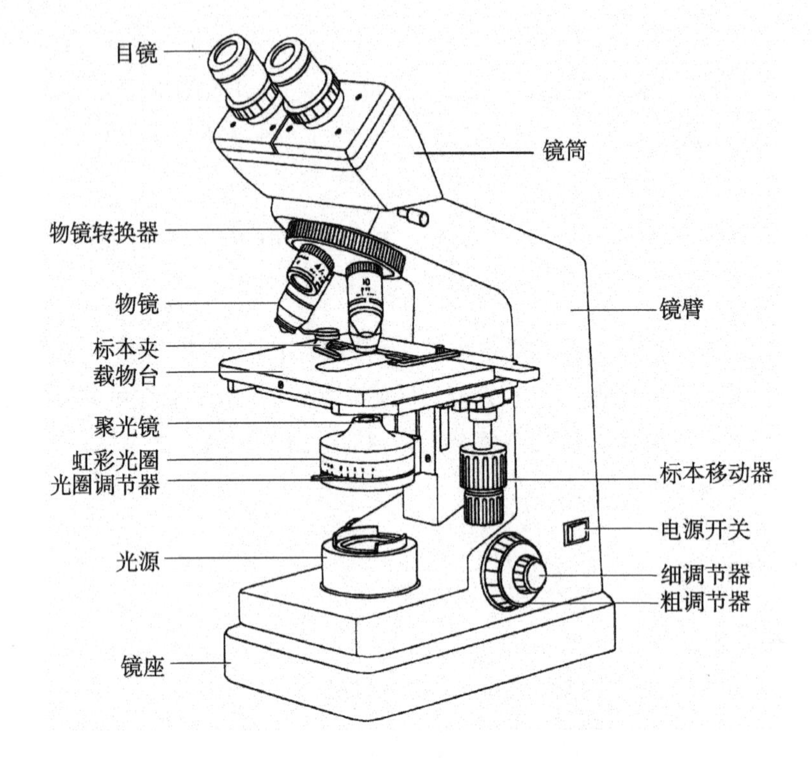

图 1-4-3　普通光学显微镜构造示意图

(引自沈萍等,2008)

(1) 镜座:是显微镜的基座,位于显微镜的底部,用以支持全镜。

(2) 镜臂:镜臂用以支持镜筒,也是取放显微镜时手握的部位。

(3) 镜筒:连在镜臂前端,其上端连接目镜,下端连接物镜转换器。

从镜筒上缘的目镜支承面到物镜转换器的螺旋口之间的距离称为机械筒长,因为物镜的放大率是对一定的机械筒长度而言的,随着机械筒长度的变化,放大率和成像质量也会发生变化,目前,国际上将显微镜的标准筒长定为 160 mm。

(4) 物镜转换器:物镜转换器接于镜筒下端,用于安装不同放大倍数的物镜,一般可接 3～5 个不同放大倍数的物镜,按照由低倍到高倍的顺序安装,可以通过转动物镜转换器从而选择合适的物镜。(**注意**:不能通过推动物镜进行转换,以免造成物镜松脱)

(5) 载物台:位于物镜下方,用以放置待检玻片标本。在载物台的中央有一通光孔,载物台上还装有弹簧标本夹和标本移动器,标本夹用以固定标本,移动器用于将固定的标本前后左右移动,以便观察。有的移动器上刻有标尺,可指示标本的位置,便于重复观察。

(6) (粗/细)调节器:是调节载物台上下方向移动的装置,由粗调节器和细调节器组成。

① 粗调节器:移动时可使镜台做较大幅度的升降,粗调节器转动一圈可使载物台

升降约 10 mm，所以能快速调节物镜和标本之间的距离，通常在使用低倍镜寻找物像时使用。

② 细调节器：用粗调节器观察到视野中的物像后，再用细调节器进一步调节，使物像更清晰。细调节器转动一圈可使载物台升降约 0.1 mm。

2. 光学部分

显微镜的光学部分主要包括：物镜、目镜、聚光器、光源等。

(1) 物镜：装在镜筒下端的物镜转换器上，一般有 3～4 个，每个物镜由多块透镜组成，主要分为低倍镜、高倍镜和油镜三类，其作用是将标本第一次放大。物镜上通常标有数值孔径、放大倍数、镜筒长度、盖玻片厚度、工作距离等主要参数，如图 1-4-4 所示，“40/0.65　160/0.17”，表示放大倍数为 40 倍，数值孔径为 0.65，镜筒长度为 160 mm，所需盖玻片的厚度等于或小于 0.17 mm，有的物镜上还标有“WD25”等字样，表示物镜的工作距离为 25 mm。物镜的性能取决于物镜的数值孔径，它反应物镜分辨力的大小，其数字越大，表示分辨率越高，物镜的性能越好。

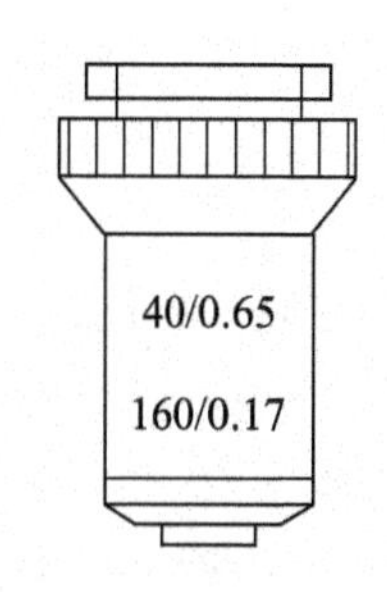

图 1-4-4　物镜示意图
(引自周德庆，2006)

(2) 目镜：装在镜筒的上端，每个目镜一般由两块透镜组成，上面的称为接目透镜，下面的称为场镜，在两块透镜中间或场镜的下方有一视场光阑，其大小决定着视野的大小，物镜放大后的中间像就落在视场光阑平面处。目镜的作用是把物镜放大的物像再次放大。目镜只起放大作用，不能提高分辨率。目镜上常刻有 10×或 16×等符号，以表示该目镜的放大倍数，根据需要选用。但是，一般目镜与物镜放大倍数的乘积为物镜数值孔径的 500～700 倍，最大也不能超过 1 000 倍，目镜的放大倍数过大，反而影响观察效果。

(3) 聚光器：位于载物台下方，其作用是把光线汇聚成光锥照射到所要观察的标本上，以得到适当的照明和清晰的图像，因而对提高物镜分辨率是很重要的。聚光器一般由聚光镜和虹彩光圈组成。聚光镜由一片或数片透镜组成，起汇聚光线的作用。虹彩光圈位于聚光镜的下方，可调节其孔径的大小，以调节光量，并影响成像的分辨力和反差。在观察透明标本时，光圈宜调得相对小一些，这样虽然降低了分辨力，但增强了反差，便于看清标本。

(4) 光源：新式的显微镜镜座内一般都安装有强光灯泡，作为照明装置，可通过调节亮度旋钮来控制光照强度。

二、显微镜的光学技术参数

显微镜的光学技术参数主要包括数值孔径、分辨率、放大率、焦深、视场宽度、覆盖差、工作距离等。在实际使用时,根据镜检的目的要求和标本的实际情况调整各参数,以达到理想的镜检结果。

1. 数值孔径

数值孔径又叫镜口率或开口率,简写为 NA,是物镜的主要技术参数,也是判断其性能高低的重要标志。其数值的大小,分别标刻在物镜的外壳上。数值孔径(NA)是物镜与被检标本之间介质的折射率(n)和物镜的镜口角(α)半数的正弦的乘积,用公式表示如下:

$$NA = n\sin\frac{\alpha}{2}$$

镜口角是透过标本的光线与物镜前透镜的有效直径所形成的夹角(图 1-4-5),镜口角越大,数值孔径就越大,物镜的性能就越好。由于镜口角总是小于180℃,空气的折射率为 1,所以一般物镜的数值孔径为 0.05～0.95。另外,油镜使用时需要在油镜和玻片之间加入与玻璃折射率(n=1.55)相似的香波油(n=1.515)作为介质,数值孔径最大可提高至 1.4 左右。

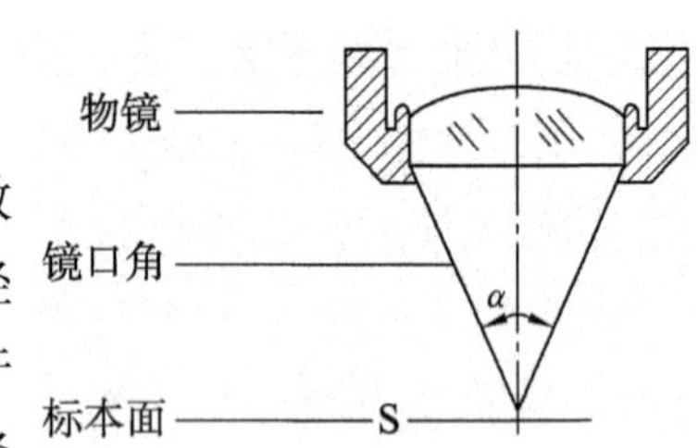

图 1-4-5　物镜镜口角示意图

(引自周德庆,2006)

2. 分辨率

显微镜的分辨率是指显微镜能够辨别两点之间最小距离的能力。可表示为:

$$分辨率 = \frac{\lambda}{2NA}$$

式中 λ 为光波波长,NA 为物镜的数值孔径。所以,显微镜的分辨率与物镜的数值孔径成反比,与光波波长成正比。由于普通光学显微镜的光源在可见光的波长范围内(0.4～0.7 μm),平均波长为 0.55 μm,如果用数值孔径为 0.65 的高倍物镜观察标本,其分辨率为 0.42 μm,所以,只有当被检物体大于 0.42 μm 时才能使用高倍镜观察到。要提高显微镜的分辨率,就要增加物镜的数值孔径,如使用油镜,其分辨率可达到 0.2 μm左右,可观察到大多数细菌。

3. 放大率

显微镜首先经过物镜将标本第一次放大,然后通过目镜将物像再次放大。显微镜的放大率(V)就是物镜放大率(V_1)和目镜放大率(V_2)的乘积,即:

$$V = V_1 \times V_2$$

选用不同放大率的物镜和目镜,可以改变显微镜的放大率。但是放大率并非越高越好,放大率和分辨率有关,一般来说,$500\ NA < V < 1\ 000\ NA$。若物镜的分辨率较低,显微镜不能辨别标本的微细结构,即使增大显微镜的放大率,也不能提高分辨率,只能放大图像的轮廓,仍不能清楚观察到标本的微细结构。若物镜的分辨率比较高,

但是放大率较低时，显微镜能够辨别标本的微细结构，但图像较小，这时应该增加目镜的放大率，从而提高显微镜的放大率。

4. 焦深

一般将物镜的焦点所处的像面称为焦平面，焦平面上的物像最清晰。但是除了焦平面上的物像外，还能在焦平面的上面和下面看见物像，这个能够清晰成像的范围称为焦深。物镜的焦深与数值孔径和放大率成反比，数值孔径和放大率越大，焦深越小，所以，一般使用高倍镜或油镜观察标本时，先在低倍镜下找到物像，然后转到高倍镜或油镜下观察，直接使用高倍镜或油镜寻找物像易使其从视野中滑过而难以定位。

5. 工作距离

工作距离(*WD*)是指当物像被清晰聚焦时，从物镜前透镜的表面到被检标本之间的距离。物镜的放大倍数越大，分辨率越高，工作距离越短。油镜的工作距离最短，为 0.1～0.2 mm。

三、普通光学显微镜的光学原理

普通光学显微镜的放大作用是由目镜和物镜两组透镜系统来完成的，其成像原理见图 1-4-6。位于物镜焦平面上的标本 AB，经物镜放大成一个倒立的实像 A′B′于目镜的视场光阑处，目镜再将 A′B′放大成一个正立的虚像 A″B″，以供人眼观察。

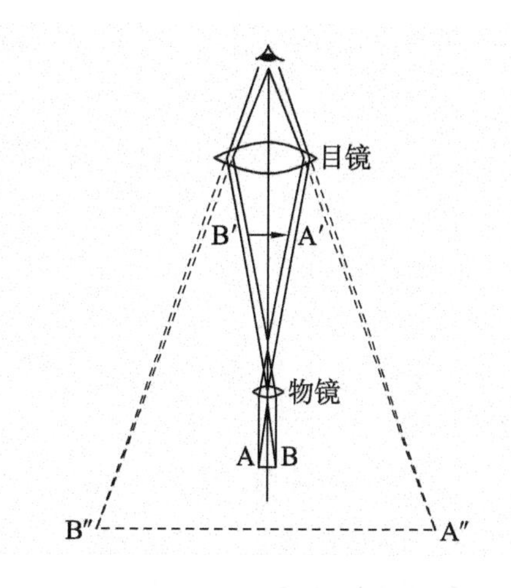

图 1-4-6　普通光学显微镜成像原理示意图
(引自钱存柔等，2008，经适当改动)

四、显微镜的使用

显微使用时应遵守从低倍镜到高倍镜再到油镜的操作程序，因为低倍物镜视野和焦深相对较大，易发现目标并确定观察的位置。

1. 低倍镜观察

转动物镜转换器，使低倍镜对准载物台上的通光孔，将标本用标本夹固定好，转动粗调节器，提升载物台，使目镜接近标本。然后一边在目镜内观察，一边转动粗调节器，下降载物台，直至视野中出现物像，然后再用细调节器调节至物像清晰。如果视野内亮度不合适，可调节光圈以达到合适的光强。转动标本移动器(注意玻片的移动方向与视野中物像移动的方向相反)，观察标本的全貌，找到合适的观察点后，将它移至视野中央。

2. 高倍镜观察

转动物镜转换器将高倍镜移至工作位置，调节细调节器使物像清晰，必要时可适当调节视野亮度，通过标本移动器移动标本进行观察。由于显微镜的设计是物镜共焦点的，所以，当转换使用不同放大倍数的物镜时，物像将保持基本准焦的状态，仅使用细调节器即可对物像清晰聚焦。

3. 油镜观察

将高倍镜下找到的观察点移至视野中央，转动转换器，使高倍镜离开工作位置，在待观察的标本区域滴加香柏油，再将油镜转到工作位置，使油镜浸在镜油中，调节视野的亮度，并用细调节器小心使物像清晰聚焦。标本观察完毕，转动粗调节器，下降载物台，取出标本片。用擦镜纸拭去油镜镜头上的香柏油，然后用擦镜纸蘸少许二甲苯擦去残留的镜油，最后再用干净的擦镜纸擦去残留的二甲苯。

【参考文献】

1. 钱存柔，黄仪秀. 微生物学实验教程[M]. 第2版. 北京：北京大学出版社，2008.

2. [美]迈尔等. 环境微生物学[M]. 第2版. 刘和，陈坚导读(影印本). 北京：科学出版社，2010.

3. 沈萍，陈向东. 微生物学实验[M]. 第4版. 北京：高等教育出版社，2008.

4. 肖琳，杨柳燕，尹大强，张敏跃. 环境微生物实验技术[M]. 北京：中国环境科学出版社，2004.

5. 赵斌，何绍江. 微生物学实验[M]. 北京：科学出版社，2008.

6. 周德庆. 微生物学实验教程[M]. 第2版. 北京：高等教育出版社，2006.

实验1–5　微生物细胞大小的测定

一、实验目的

(1) 了解显微镜测微尺的结构及使用原理。

(2) 掌握目镜测微尺的标定方法。

(3) 掌握微生物细胞大小的测量方法。

二、实验原理

微生物细胞大小是微生物重要的形态特征。同种菌体的细胞直径差异不大，特别是处于指数生长期的细胞均匀一致，因此，细胞大小可作为微生物分类鉴定的依据之一。由于微生物个体微小，因此微生物细胞的大小只能在显微镜下测量，用于测量微生物细胞大小的工具是显微镜测微尺，它包括镜台测微尺和目镜测微尺。

镜台测微尺(图 1-5-1)是一块特殊的载玻片，在中央有一个长 1 mm 或 2 mm 的精确的刻度尺，被等分成 100 或 200 小格，每小格实际长度为 0.01 mm(即 10 μm)。其作用是用于标定目镜测微尺。

目镜测微尺(图 1-5-2)是一块带有精确刻度尺的圆形玻片，刻度尺长 5 mm 或 10 mm，被等分成 50 或 100 个小格。用于微生物细胞测量时，应预先将其安装在目镜中的隔板上。由于不同目镜、物镜组和的放大倍数不同，目镜测微尺每格代表的实际长度也就不同，因此，目镜测微尺不能直接用来测量细胞大小，必须预先用镜台测微尺进行标定，计算出在一定放大倍数下每小格所代表的实际长度。然后，根据微生物细胞所占目镜测微尺的格数，计算出细胞的实际大小。

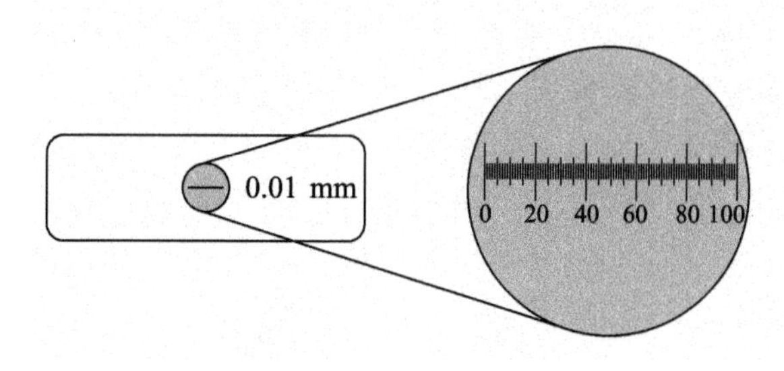

图 1-5-1　镜台测微尺

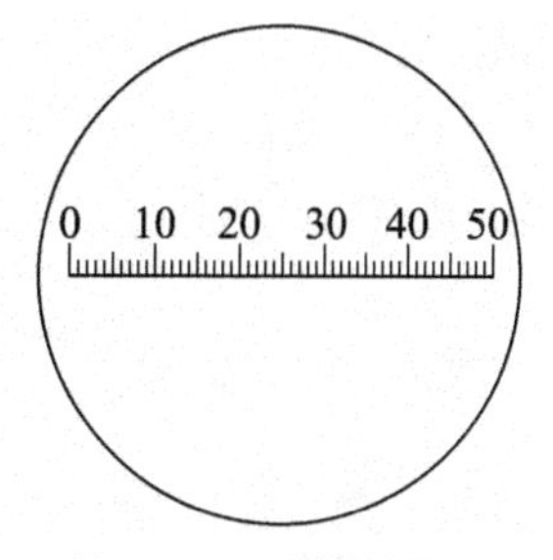

图 1-5-2　目镜测微尺

三、实验用品

1. 菌种

指数生长期的酵母菌菌悬液。

2. 实验器材

显微镜、目镜测微尺、镜台测微尺、载玻片、盖玻片等。

四、操作步骤

1. 目镜测微尺的标定

(1) 取下一侧目镜，旋开上透镜，将目镜测微尺刻度朝下装在目镜隔板上，然后旋紧目镜，插入镜筒内。

(2) 将镜台测微尺刻度朝上放置在载物台上。

(3) 先用低倍镜观察镜台测微尺，然后转至菌体测量需要的高倍镜下，调节至测微尺刻度清晰(必要时可调节光强)，转动目镜，使目镜测微尺与镜台测微尺平行靠近，并移动镜台测微尺，使两尺左边的一条刻度线相重合，然后由左向右找出两尺第二个完全重合的刻度线。

(4) 记数两条重合的刻度线之间目镜测微尺和镜台测微尺的格数，然后用下式计算出在一定放大倍数下目镜测微尺每格所代表的实际长度。

$$\text{目镜测微尺每格长度}(\mu\text{m})=\frac{\text{两重合线间镜台测微尺的格数}\times 10\ \mu\text{m}}{\text{两重合线间目镜测微尺的格数}}$$

2. 微生物细胞大小的测定

(1) 取下镜台测微尺，将指数生长期的酵母菌菌悬液的水浸片置载物台上。

注意：

由于微生物细胞经过干燥、固定、染色，细胞将缩小 10%～20%，因此，若测量微生物细胞的实际大小，必须用湿涂片或水浸片。

(2) 先用低倍镜观察，然后转到高倍镜下，调至视野清晰。通过转动目镜测微尺并移动待测样品，分别测量球菌的直径、杆菌的长、宽各占目镜测微尺的几个格(不足一格的部分要估计到小数点后一位)。

(3) 将标定的目镜测微尺每格长度乘以菌体所占的格数，即为菌体的直径或长和宽(μm)。

(4) 移动待测样品，转至其他视野。一般应镜检 3～5 个视野，每个视野测量 3～5 个菌体，求出待测菌直径或长宽的平均值。

五、实验报告

1. 实验结果

(1) 请将不同放大倍数下目镜测微尺的标定结果记录在下表内。

表 1-5-1　目镜测微尺标定记录表

目镜倍数	物镜倍数	重合线间目镜测微尺格数	重合线间镜台测微尺格数	目镜测微尺每格长度(μm)

（2）请将待测菌的测量结果记录在下表内。

表 1-5-2　待测菌的测量结果记录表

菌体号	所占格数		平均格数		菌体大小(μm)	
	直径或长	宽	直径或长	宽	直径或长	宽
1						
2						
3						
4						
5						
6						
7						
8						
9						
10						

2. 思考题

为提高测量结果的准确度，应注意哪些问题？

【参考文献】

1. ［美］J. P. 哈雷. 图解微生物实验指南[M]. 第 7 版. 谢建平等，译. 北京：科学出版社，2012.

2. 沈萍，陈向东. 微生物学实验[M]. 第 4 版. 北京：高等教育出版社，2008.

3. 肖琳，杨柳燕，尹大强，张敏跃. 环境微生物实验技术[M]. 北京：中国环境科学出版社，2004.

4. 赵斌，何绍江. 微生物学实验[M]. 北京：科学出版社，2008.

5. 周德庆. 微生物学实验教程[M]. 第 2 版. 北京：高等教育出版社，2006.

实验1-6　微生物的显微镜直接计数法

一、实验目的

(1) 了解计数板的构造及其计数原理。

(2) 掌握使用计数板直接进行微生物计数的方法。

二、实验原理

用于微生物细胞直接计数的计数板有两种,分别是细菌计数板和血球计数板。细菌计数板用于计数细菌等较小的微生物,血球计数板可用于计数酵母菌、霉菌孢子等菌体较大的微生物。细菌计数板和血球计数板的结构和计数原理基本相同,其区别在于计数室的高度,细菌计数板计数室的高度为 0.02 mm,可使用油镜观察,血球计数板计数室的高度为 0.1 mm,不能使用油镜进行计数。

每个计数板(图 1-6-1)上有两个计数室(图 1-6-2),计数室的刻度一般有两种规格:一种是 16×25 的计数室,将计数室的大方格分成 16 个中方格,再将每个中方格分成 25 个小方格,计数室共计 400 个小方格;另一种是 25×16 的计数室,将计数室的大方格分成 25 个中方格,再将每个中方格分成 16 个小方格,计数室的小方格数同样也是 400 个。计数室大方格的边长为 1 mm,高度为 0.02 mm(细菌计数板) 或 0.1 mm (血球计数板),所以计数室的体积为 0.02 mm^3 或 0.1 mm^3。

使用计数板计数时,通常选取四个或五个中方格(16×25 型选四个角的中方格,25×16 型选择四个角及中央一个中方格,图 1-6-2),计数其中的总菌数,然后按照下式换算出 1 mL 菌液中的总菌数。

25×16 型血球计数板:

$$C=\frac{A\times 25}{5\times 0.1}\times 10^3$$

式中:C——菌液浓度(个/毫升);

A——五个中方格中的总菌数(个)。

16×25 型血球计数板:

$$C'=\frac{A'\times 16}{4\times 0.1}\times 10^3$$

式中：C'——菌液浓度(个/毫升)；

A'——四个中方格中的总菌数(个)。

注：若使用细菌计数板进行计数，计算时需将上两式中计数室的体积值 0.1 mm^3 换为 0.02 mm^3。

使用计数板进行微生物计数时，将一定稀释度的菌悬液加入计数室中，置显微镜下即可直接计数，该方法简单、直观、快速，是目前常用的一种微生物计数方法。由于该方法计得的是活菌和死菌的总和，故又称为总菌计数法，与常用的平板计数法相比，其区别是，平板计数法需将微生物培养后计数菌落数，因此计得的是可培养的活菌数。另外，由于此法是在显微镜下直接对细菌细胞进行计数，因此，要求样品中菌体分散均匀，而且颗粒物杂质的含量较少，以免造成计数误差。

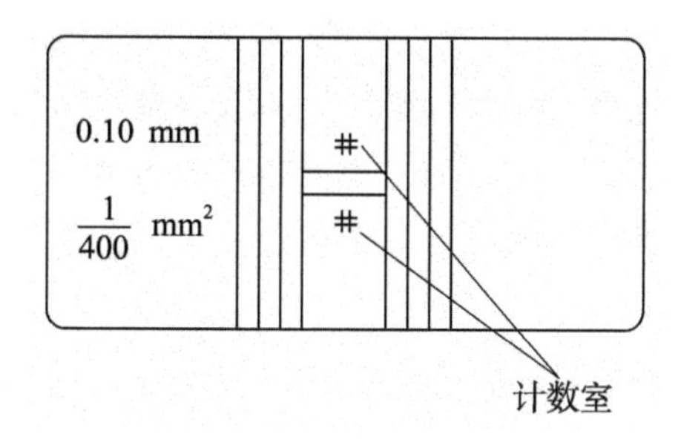

图 1-6-1　计数板示意图

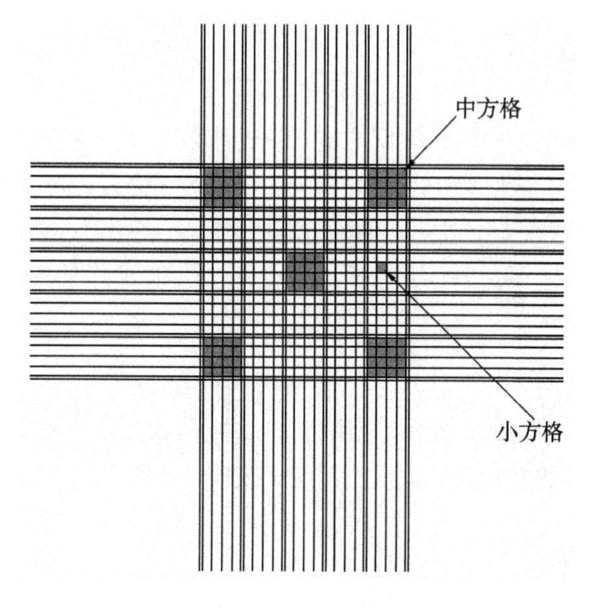

图 1-6-2　25×16 型计数室示意图

(图中阴影标注的中方格表示计数区)

三、实验用品

1. 菌种

大肠杆菌(*Escherichia coli*)、金黄色葡萄球菌(*Staphylococcus aureus*)、酵母菌(*Saccharomyces cerevisiae*)等菌悬液。

2. 实验器材

显微镜、计数板、吸管、盖玻片等。

四、操作步骤

1. 制片

取一洁净、干燥的计数板,平放在桌面上,再取一张洁净的盖玻片,盖在计数室上。用无菌的细口滴管取少许均匀的菌液(必要时可预先将菌体固定),在盖玻片的边缘滴加一小滴,菌液即沿盖玻片和计数板之间的缝隙靠毛细渗透作用自行充满计数室。

注意:

(1) 滴加的菌液不宜过多。若盖玻片被浮起或有菌液流入沟槽中,说明菌液滴加量过多,需重新制片。

(2) 菌液不能滴加到盖玻片上。

(3) 计数室内不能有气泡产生,影响结果的准确性。

2. 显微镜计数

计数板静止片刻,先在显微镜低倍镜下找到计数室,然后换成高倍镜进行计数(必要时可调节光强)。一般以每个小格内有 5~10 个菌体为宜,若菌液浓度太高,需预先稀释。每个计数室选取 4 个或 5 个中格进行计数。位于格线上的菌体一般只计数底线和右侧线上的菌体。每个样品需要计数 2~4 次,取平均值来计算样品菌悬液的浓度。

3. 清洗计数板

计数完毕,取下盖玻片,将计数板用自来水冲洗,切勿用硬物洗刷,以免损坏计数室网格,影响计数室的体积。洗完后自然晾干或用吹风机吹干。

五、实验报告

1. 实验结果

将计数板直接计数的结果记录在下表中。

表 1-6-1 计数结果记录表

计数次数	中方格中的菌数(个)							菌液浓度(个/毫升)
	1	2	3	4	5	总菌数	平均总菌数	

2. 思考题

(1) 为什么计数室内不可有气泡？请分析产生气泡的可能原因及避免气泡产生的有效措施？

(2) 为确保计数板计数结果的准确性，需要注意哪些问题？

【参考文献】

1. 钱存柔，黄仪秀. 微生物学实验教程[M]. 第 2 版. 北京：北京大学出版社，2008.

2. 沈萍，陈向东. 微生物学实验[M]. 第 4 版. 北京：高等教育出版社，2008.

3. 肖琳，杨柳燕，尹大强，张敏跃. 环境微生物实验技术[M]. 北京：中国环境科学出版社，2004.

4. 赵斌，何绍江. 微生物学实验[M]. 北京：科学出版社，2008.

5. 周德庆. 微生物学实验教程[M]. 第 2 版. 北京：高等教育出版社，2006.

实验1-7　细菌生长曲线的测定

一、实验目的

（1）了解细菌的生长规律及细菌生长曲线的特点。

（2）掌握比浊法测定细菌生长曲线的原理和方法。

二、实验原理

当细菌进行液体培养时，随着培养时间的增加，细菌细胞数量或生物量不断发生变化，以培养时间为横坐标，以细菌数量或生物量为纵坐标，绘制的曲线称为生长曲线，它反映了细菌在一定培养条件下的群体生长规律。由于随着细菌数量的不断增加，菌悬液的浊度增强，在一定范围内，菌悬液的浊度与光密度呈线性关系，因此常借助于分光光度计或光电比浊计测定菌悬液的光密度（optical density，OD）（细菌通常采用 600 nm，酵母菌通常采用 560 nm，菌丝体通常采用 505 nm），来表示细胞的相对数目，绘制细菌的生长曲线，从而了解细菌的生长规律。

典型的细菌生长曲线根据生长速率的不同可大致分为延滞期、指数期、稳定期和衰亡期四个阶段（图 1-7-1），每个阶段的长短因菌种特性及培养条件的不同而有一定的差异。

1. 延滞期

当菌体接种至新的培养环境中时，自身需要一个调整阶段，以逐渐适应新环境。这个阶段细菌繁殖量极少，菌体数量变化不大，有些菌甚至由于不适应新环境而死亡，但细胞体积增大，代谢活跃，为细胞分裂繁殖合成大量的储备物质。

2. 指数期

当菌体适应新环境后，菌体细胞开始以几何级数快速繁殖，代谢活性较强，菌体特征均匀一致，但对环境因素的影响反应敏感。

3. 稳定期

经过指数期的快速生长，细胞消耗了大量的营养物质，并积累了一些抑制性代谢产物，菌体繁殖速率开始下降，同时死亡速率开始增加，整体细胞数量维持相对稳定。

有些菌开始形成芽孢，或产生次级代谢产物（如抗生素、色素、激素、毒素等）、积累贮藏物（如异染颗粒、脂肪粒等）。

4. 衰亡期

细胞的死亡速率超过繁殖速率，细胞个体特征差异较大，菌体逐渐衰亡，并有自溶现象。

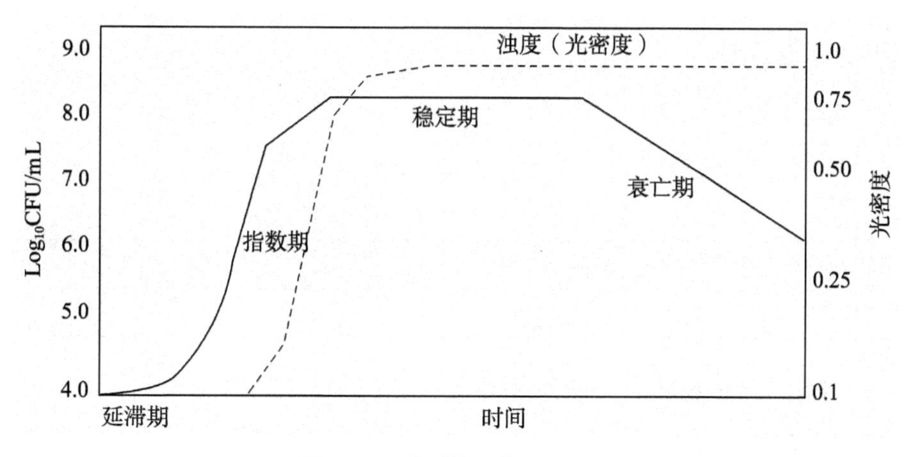

图 1-7-1　典型的细菌生长曲线

（引自迈尔等编著，刘和等导读，2010）

三、实验用品

1. 菌种

大肠杆菌（*Escherichia coli*）。

2. 培养基

牛肉膏蛋白胨培养液或 LB 培养液。

3. 实验器材

分光光度计或光电比浊计、恒温振荡培养箱、锥形瓶、移液器等。

四、操作步骤

（1）预先将大肠杆菌接种在牛肉膏蛋白胨培养液或 LB 培养液中，37℃振荡培养至指数生长期，作为种子液备用。

（2）将种子液摇匀，用无菌移液器取 1 mL，接入盛有 150 mL 新鲜的牛肉膏蛋白胨培养液或 LB 培养液的锥形瓶中，一般需要接种三个平行，封好瓶口，置 37℃恒温振荡培养箱中振荡培养。

（3）于培养的第 0 h、2 h、4 h、6 h、8 h、10 h、12 h、14 h、16 h、18 h、20 h，用无菌移

液器从 3 个锥形瓶中分别移取培养液 3 mL,以未接种的牛肉膏蛋白胨培养液或 LB 培养液作为空白对照,立即用分光光度计测定 OD_{600} 值。若菌液静置时间过长,菌体沉降,会影响测定结果。若菌液浓度太高,测定前需用无菌培养液预先稀释,使 OD 值为 0.0～0.65 为宜,最后乘以稀释倍数,即是该时刻培养液的 OD_{600} 值。

(4) 以培养时间为横坐标,以 OD_{600} 值为纵坐标,绘制出大肠杆菌的生长曲线。

五、实验报告

1. 实验结果

(1) 请将大肠杆菌不同培养时间的 OD_{600} 值记录在下表内。

表 1-7-1　不同培养时间的 OD_{600} 值记录表

培养时间(h)	0	2	4	6	8	10	12	14	16	18	20
OD_{600}											

(2) 绘制大肠杆菌的生长曲线,并标出不同的生长阶段。

2. 思考题

(1) 为使实验结果准确可靠,应注意哪些问题?

(2) 试分析什么情况下不能采用该方法测定细菌的生长曲线?

【参考文献】

1. 常学秀,张汉波,袁嘉丽. 环境污染微生物学[M]. 北京:高等教育出版社,2006.

2. 沈萍,陈向东. 微生物学实验[M]. 第 4 版. 北京:高等教育出版社,2008.

3. 肖琳,杨柳燕,尹大强,张敏跃. 环境微生物实验技术[M]. 北京:中国环境科学出版社,2004.

4. 张兰英,刘娜,孙立波,等. 现代环境微生物技术[M]. 北京:清华大学出版社,2005.

5. 周德庆. 微生物学实验教程[M]. 第 2 版. 北京:高等教育出版社,2006.

实验1-8　微生物的MPN计数法

一、实验目的

（1）了解 MPN 计数法的测定原理。

（2）掌握 MPN 计数法的操作过程。

二、实验原理

MPN(most probable number)又称为最可能数法或最近似值法、液体稀释计数法，该方法是将待测样品进行 10 倍系列梯度稀释，选择 5～7 个连续的稀释梯度分别接种到 3～5 个重复的液体培养基试管中(分别称为 3 管法、4 管法和 5 管法，重复次数越多，误差越小)，经一段时间培养后，根据待测菌的特性，判断各管是否有待测菌生长。由于菌体分布的随机性，可根据概率理论估算待测菌的数量(可利用 MPN 表检索数量近似值)。该法特别适用于测定混杂的微生物群落中具有特殊生理功能的微生物的数量。

三、实验用品

1. 培养基

根据待测菌的生理功能特征选择合适的培养基。

2. 实验器材

锥形瓶、试管、移液器、试管架、天平、培养箱等。

3. 其他

无菌生理盐水：配制 0.85～0.90%的 NaCl 溶液，分装于试管中，每管 9 mL；分装于带玻璃珠的锥形瓶中，每瓶 90 mL。121℃灭菌备用。

四、操作步骤

1. 培养基配制

按照待测微生物的生理特征配制适宜的培养基，分装至试管中，每管 9 mL，高压灭菌后备用。

2. 土壤样品的采集

样品采集前需先清理采集点表面的枯枝落叶，除去最表层 1 cm 左右的表土，然后用小型铁铲采集表层土壤样品，至无菌样品瓶或袋中，带回实验室。

3. 菌悬液的制备

去掉样品中的植物残体和沙砾，称取 10 g 样品，放入盛 90 mL 无菌生理盐水的锥形瓶中，振荡，使样品均匀分散，静置片刻，按照 10 倍梯度系列稀释法，制备成稀释度分别为 10^{-1}～10^{-8}的土壤稀释液。

4. 接种

根据样品中待测菌的大概浓度范围，选择 5～7 个连续的稀释梯度，分别取 1 mL 接种到 3(3 管法)或 4(4 管法)或 5(5 管法)个重复的液体培养基试管中，每管含培养基 9 mL。

5. 培养及观察计数

根据待测菌的生理特征，将所有接种管置一定温度的培养箱中恒温培养，培养结束后，依次检测各管是否有待测菌生长，原则上要求最低稀释度的所有接种管都应该有菌生长，而最高稀释度的所有接种管应该无菌生长。根据各管生长情况确定数量指标，查相应的 MPN 表，得出待测菌的近似值，并计算菌浓度。若要换算出每克干土中的待测菌浓度，需提前测定样品中的含水量。

数量指标的确定及计算方法示例

数量指标为 3 位数，一般来说，数量指标的第一个数应该选择所有重复管都有菌生长的最高稀释度，数量指标的第二、第三个数为相邻的后两个稀释度的生长管数。

表 1-8-1 数量指标的确定示例(一)

样品稀释度	10^{-3}	10^{-4}	10^{-5}	10^{-6}	10^{-7}	10^{-8}
重复管数	5	5	5	5	5	5
有菌生长的管数			5	3	1	0
数量指标			5	3	1	

上例中数量指标为 531，查 5 管 MPN 表，得近似值为 11.0，再乘以数量指标第一个数的稀释倍数 10^5，即为原菌液中待测菌的浓度(1.1×10^6 个/毫升)。

若所有接种管都有菌生长的某一稀释度后面出现 3 个稀释度接种管中都有菌生长，可将最后一个稀释度的生长管数加到前面稀释度上，作为数量指标。

表 1-8-2　数量指标的确定示例(二)

样品稀释度	10^{-3}	10^{-4}	10^{-5}	10^{-6}	10^{-7}	10^{-8}
重复管数	4	4	4	4	4	4
有菌生长的管数		4	2	1	1	0
数量指标		4	2	2		

上例中数量指标为 422，查 4 管 MPN 表，得近似值为 13.0，再乘以数量指标第一个数的稀释倍数 10^4，即为原菌液中待测菌的浓度(1.3×10^5 个/毫升)。

五、实验报告

1. 实验结果

(1) 将各接种管的生长情况记录在下表内。

表 1-8-3　结果记录表

样品稀释度						
重复管数						
有菌生长的管数						
数量指标						

(2) 根据确定的数量指标，查相应的 MPN 表，计算样品中待测菌的浓度。

2. 思考题

试分析 MPN 计数法的优缺点及方法的应用范围。

【参考文献】

1. 李振高，骆永明，滕应. 土壤与环境微生物研究法[M]. 北京：科学出版社，2010.

2. 林先贵. 土壤微生物研究原理与方法[M]. 北京：高等教育出版社，2010.

3. 马放，任南琪，杨基先. 污染控制微生物学实验[M]. 哈尔滨：哈尔滨工业大学出版社，2006.

4. 赵斌，何绍江. 微生物学实验[M]. 北京：科学出版社，2008.

附：微生物的 MPN 法统计表

表 1-8-4　3 管法统计表

数量指标	近似值	数量指标	近似值	数量指标	近似值
000	0.0	201	1.4	302	6.5
001	0.3	202	2.0	310	4.5
010	0.3	210	1.5	311	7.5
011	0.6	211	2.0	312	11.5
020	0.6	212	3.0	313	16.0
100	0.4	220	2.0	320	9.5
101	0.7	221	3.0	321	15.0
102	1.1	222	3.5	322	20.0
110	0.7	223	4.0	323	30.0
111	1.1	230	3.0	330	25.0
120	1.1	231	3.5	331	45.0
121	1.5	232	4.0	332	110.0
130	1.6	300	2.5	333	140.0
200	0.9	301	4.0		

表 1-8-5　4 管法统计表

数量指标	近似值	数量指标	近似值	数量指标	近似值	数量指标	近似值
000	0.0	113	1.3	231	2.0	402	5.0
001	0.2	120	0.8	240	2.0	403	7.0
002	0.5	121	1.1	241	3.0	410	3.5
003	0.7	122	1.3	300	1.1	411	5.0
010	0.2	123	1.6	301	1.6	412	8.0
011	0.5	130	1.1	302	2.0	413	11.0
012	0.7	131	1.4	303	2.5	414	14.0
013	0.9	132	1.6	310	1.6	420	6.0
020	0.5	140	1.4	311	2.0	421	9.5
021	0.7	141	1.7	312	3.0	422	13.0

续表

数量指标	近似值	数量指标	近似值	数量指标	近似值	数量指标	近似值
022	0.9	200	0.6	313	3.5	423	17.0
030	0.7	201	0.9	320	2.0	424	20.0
031	0.9	202	1.2	321	3.0	430	11.5
040	0.9	203	1.6	322	3.5	431	16.5
041	1.2	210	0.9	330	3.0	432	20.0
100	0.3	211	1.3	331	3.5	433	30.0
101	0.5	212	1.6	332	4.0	434	35.0
102	0.8	213	2.0	333	5.0	440	25.0
103	1.0	220	1.3	340	3.5	441	40.0
110	0.5	221	1.6	341	4.5	442	70.0
111	0.8	222	2.0	400	2.5	443	140.0
112	1.0	230	1.7	401	3.5	444	160.0

表 1-8-6　5 管法统计表

数量指标	近似值	数量指标	近似值	数量指标	近似值	数量指标	近似值
000	0.0	203	1.2	400	1.3	513	8.5
001	0.2	210	0.7	401	1.7	520	5.0
002	0.4	211	0.9	402	2.0	521	7.0
010	0.2	212	1.2	403	2.5	522	9.5
011	0.4	220	0.9	410	1.7	523	12.0
012	0.6	221	1.2	411	2.0	524	15.0
020	0.4	222	1.4	412	2.5	525	17.5
021	0.6	230	1.2	420	2.0	530	8.0
030	0.6	231	1.4	421	2.5	531	11.0
100	0.2	240	1.4	422	3.0	532	14.0
101	0.4	300	0.8	430	2.5	533	17.5
102	0.6	301	1.1	431	3.0	534	20.0
103	0.8	302	1.4	432	4.0	535	25.0
110	0.4	310	1.1	440	3.5	540	13.0
111	0.6	311	1.4	441	4.9	541	17.0

续表

数量指标	近似值	数量指标	近似值	数量指标	近似值	数量指标	近似值
112	0.8	312	1.7	450	4.0	542	25.0
120	0.6	313	2.0	451	5.0	543	30.0
121	0.8	320	1.4	500	2.5	544	35.0
122	1.0	321	1.7	501	3.0	545	45.0
130	0.8	322	2.0	502	4.0	550	25.0
131	1.0	330	1.7	503	6.0	551	35.0
140	1.1	331	2.0	504	7.5	552	60.0
200	0.5	340	2.0	510	3.5	553	90.0
201	0.7	341	2.5	511	4.5	554	160.0
202	0.9	350	2.5	512	6.0	555	180.0

第二部分　现代环境微生物实验技术

实验 2-1　细菌总 DNA 的提取、PCR 扩增及电泳分析

实验 2-2　微生物细胞的荧光探针及其检测技术

实验 2-3　环境微生物活性检测技术

实验 2-4　环境微生物群落多样性分析技术

实验 2-5　微生物的固定化技术

实验 2-6　环境污染物毒性的微生物检测技术

实验2-1　细菌总DNA的提取、PCR扩增及电泳分析

分子生物学技术的发展，为环境微生物学研究提供了强有力的工具，目前已发展了一系列基于分子生物学技术的环境微生物研究方法和技术。在这些技术中，DNA的提取、PCR扩增及电泳分析属于基本操作过程，下面首先介绍这些基本技术的原理及操作。

实验 2-1-1　细菌总 DNA 的提取

一、实验目的

(1) 了解 DNA 的提取原理。

(2) 掌握细菌总 DNA 的提取过程。

二、实验原理

DNA 作为遗传信息的载体，DNA 的提取是分子生物学技术中最基本、最常规的工作。目前，细菌总 DNA 制备的具体方法很多，针对不同的环境样品，DNA 提取的步骤往往不是完全相同，但都包括一些基本步骤：先裂解细胞，再除去样品中的蛋白质、RNA、多糖等杂质，纯化 DNA。目前，市场上有许多种针对不同样品的 DNA 提取试剂盒在售，为了便于掌握 DNA 的提取过程及提取原理，该实验以传统的手工提取法为例，介绍 DNA 提取的基本过程。

1. 细胞裂解

因为细菌都带有细胞壁，特别是革兰氏阳性菌，由于细胞壁较厚，可先在碱性环境下用溶菌酶降解细胞壁后，再用十二烷基磺酸钠(SDS)裂解细胞。对于革兰氏阴性菌，细胞壁肽聚糖层较薄，有时可不用溶菌酶，直接采用 SDS 裂解细胞。

溶菌酶能够水解细菌细胞壁中的 N-乙酰胞壁酸和 N-乙酰氨基葡糖之间的 β-1，4 糖苷键，破坏细胞壁的肽聚糖结构，导致细胞壁的破裂。

SDS 是一种较强的表面活性剂，能够溶解细菌细胞膜上的脂类和蛋白质，从而使

细胞裂解。而且还能够解聚细胞中的核蛋白，释放 DNA。

如果样品中含有一些特殊的物质，可能会影响 DNA 的质量或后续的 PCR 过程，一般需要另外加入用以去除这些物质的试剂，如，含有较多腐殖酸的土壤样品，腐殖酸会抑制 DNA 聚合酶的活性，影响 PCR 过程，所以，在提取 DNA 时往往需要在缓冲液中加入聚乙烯吡咯烷酮（PVP）以除去腐殖酸。

2. DNA 的纯化

细胞裂解后，DNA 样品中含有大量的 RNA、多糖、蛋白质等大分子物质，需要对其进一步纯化分离。

RNA 杂质一般可用 RNA 酶水解去除，RNA 酶可以在破坏细胞壁之后紧接着加入，这样在后续步骤去除蛋白质的时候可以顺便把 RNA 酶当作蛋白质去除。

十六烷基三甲基溴化铵（CTAB）作为阳离子去污剂，在较高离子强度环境下，可与蛋白质和多糖（酸性多糖除外）相结合而使其变性沉淀。

饱和酚、酚∶氯仿∶异戊醇混合液以及蛋白酶等能够除去蛋白质杂质。其中，酚与氯仿属于非极性分子，能够使蛋白变性，相比来说，酚的变性作用更强，但是，酚在水中有一定的溶解度。由于酚易溶于氯仿等有机溶剂中，氯仿不溶于水，所以，氯仿在抽提过程中还有助于分相，酚与氯仿混合使用的效果较好。异戊醇的加入是为了减少气泡的产生。因为在提取过程中，为了使蛋白质去除效果更好，必须剧烈振荡，使溶液混合均匀，这个过程容易产生大量的气泡，从而影响有机相和蛋白质的相互作用，异戊醇能够降低分子表面张力，减少气泡的生成，同时，异戊醇还有助于分相。经过有机溶剂的作用，变性蛋白质密度增大，离心后与水相分离（DNA 溶于水相），位于水相下部作为中间相，有机相相对密度最大，位于最下层。另外，蛋白酶 K 也可去除部分蛋白质，用于生物样品中蛋白质的一般降解。

3. DNA 的沉淀与回收

DNA 的沉淀通常用乙醇或异丙醇。在溶液中，DNA 是以水合状态稳定存在的，乙醇能够以任意比与水混溶，与 DNA 争夺水分子，使其失水聚合。异丙醇疏水性较乙醇更强，也能很好地使核酸沉淀。它们的主要区别在于：

乙醇亲水性好，对盐类的沉淀较少，而且易于挥发，对后续实验的影响小。但是，乙醇的加入量较大，沉淀所需时间较长。

异丙醇的加入量相比乙醇要少，且沉淀完全，速度快。但缺点是盐会与 DNA 共沉淀，降低 DNA 的纯度，而且，异丙醇难以挥发除去，需要再用 70％的乙醇洗涤沉淀，在除去异丙醇的同时也除去共沉淀的盐，使 DNA 进一步纯化。

另外，用乙醇沉淀 DNA 时，通常要在溶液中加入单价的阳离子，如 NaCl 或 NaAc，因为在弱碱性环境下，DNA 分子带负电荷，加入的 Na^+ 可以和 DNA 分子形成

DNA 钠盐，减少 DNA 分子之间的相斥作用，易于聚合沉淀。

4. DNA 纯度和浓度检测

由于 DNA 碱基具有苯环结构，在 260 nm 波长处有较强的吸收峰，吸光值的大小不仅与 DNA 总量有关，还与其构型有关，因为构型的不同造成碱基的暴露程度不同。一般来说，纯的 DNA 样品，当用 1 cm 的石英比色皿测量时，1 OD_{260} 相当于 dsDNA 约为 50 μg/mL，相当于 ssDNA 约为 37 μg/mL，相当于寡核苷酸约为 30 μg/mL。

但是，如果 DNA 抽提样品中含有 RNA、蛋白质、酚等污染物时，DNA 样品纯度检测一般需要测定 DNA 溶液的 OD_{260} 和 OD_{280}，通过计算 OD_{260}/OD_{280} 的比值确定样品的纯度。纯的 DNA 样品的 $OD_{260}/OD_{280} \approx 1.8$（经验值），若样品含有未去除干净的蛋白质或酚，该比值会略低（<1.6），若样品中含有 RNA 污染，该比值会略高（>1.9）。若样品纯度不高，可按下式估算 DNA 的浓度：

$$\text{DNA 的浓度}(\mu g/\mu L) = OD_{260} \times 0.063 - OD_{280} \times 0.036$$

（注：以上 DNA 浓度的计算方法不适用于质粒 DNA）

三、实验用品

1. 菌种

大肠杆菌（*Escherichia coli*）。

2. 培养基

LB 培养基，配方如下：

胰蛋白胨	10 g
酵母提取物	5 g
NaCl	10 g
水	1 000 mL
pH	7.4

3. 试剂

(1) TE 缓冲液：10 mmol/L Tris-HCl，1 mmol/L EDTA，pH 8.0。

(2) SDS 溶液：10%（m/V）。

(3) 蛋白酶 K：20 mg/mL。

(4) RNase 溶液：20 μg/mL。

(5) NaCl 溶液：5 mol/L、0.7 mol/L。

(6) CTAB/ NaCl 溶液：10%的 CTAB（由 0.7 mol/L NaCl 溶液配置，可加热促其溶解）。

(7) 酚∶氯仿∶异戊醇混合液：25∶24∶1（*V*∶*V*∶*V*）。

(8) 氯仿∶异戊醇混合液:24∶1(V∶V)。

(9) 乙酸钠溶液:3 mol/L,pH 5.2。

4. 实验器材

高速离心机、紫外可见分光光度计、微量离心管(1.5 mL)、移液器、水浴锅、超净工作台、恒温振荡培养箱等。

四、操作步骤

(1) 将大肠杆菌接种到LB液体培养基中,37℃恒温振荡培养至对数生长期。

(2) 取1.5 mL大肠杆菌培养液至微量离心管中,12 000 r/min离心20～30 s,弃上清液。

(3) 再用1 mL TE缓冲液洗涤菌体两次,最后加入560 μL TE缓冲液,将菌体充分悬浮。

(4) 在缓冲体系中依次加入30 μL SDS溶液、3 μL蛋白酶K和7 μL RNase溶液,混合均匀,37℃保温1 h。

(5) 再加入5 mol/L的NaCl溶液100 μL,混匀后,再加入80 μL CTAB/NaCl溶液,65℃保温10 min。

注意:

混匀时应避免剧烈振荡,否则会使DNA链断裂。

(6) 再加入等体积(780 μL)的酚∶氯仿∶异戊醇混合液,混匀后,置冰浴中10 min。

(7) 12 000 r/min离心5 min,收集上层水相。

(8) 再加入等体积的氯仿∶异戊醇混合液,混匀后,再次离心5 min,收集上层水相。

(9) 加入0.6～0.8倍体积的异丙醇,混匀,DNA逐渐沉淀下来。

(10) 用1 mL 70%乙醇洗涤DNA沉淀,12 000 r/min离心5 min,弃上清液,并将离心管倒置于干净的滤纸上,使乙醇完全流出,再置室温下,让残余的乙醇自然挥发。

(11) 再用一定量的TE缓冲液完全溶解DNA沉淀。

(12) 取一定量的DNA溶液,用TE缓冲液适当稀释后,用1 cm的石英比色皿在紫外分光光度计上测定溶液的OD_{260}和OD_{280},计算OD_{260}∶OD_{280}的比值,确定样品的纯度,并计算样品浓度。

注意：

为了提高结果的准确度，DNA 溶液的 OD_{260} 值最好在 0.2～0.8 范围内，若浓度太高，需要预先稀释。

五、实验报告

1. 实验结果

(1) 根据你的测定结果，计算 DNA 溶液的浓度。

(2) 你制备的 DNA 样品的纯度如何？如果样品不纯，请分析原因。

2. 思考题

为提高 DNA 样品纯度，应该注意哪些问题？

【参考文献】

1. 钱存柔，黄仪秀. 微生物学实验教程[M]. 第 2 版. 北京：北京大学出版社，2008.

2. 沈萍，陈向东. 微生物学实验[M]. 第 4 版. 北京：高等教育出版社，2008.

3. 肖琳，杨柳燕，尹大强，张敏跃. 环境微生物实验技术[M]. 北京：中国环境科学出版社，2004.

4. 赵斌，何绍江. 微生物学实验[M]. 北京：科学出版社，2008.

实验 2-1-2　PCR 扩增

一、实验目的

(1) 了解 DNA 序列的 PCR 扩增原理。

(2) 掌握 PCR 扩增技术。

二、实验原理

PCR 是一种体外快速扩增特定 DNA 序列的技术,该技术是以已知序列的寡核苷酸为引物,在 DNA 聚合酶的作用下,以靶序列为模板,按碱基配对的原则合成一条新的 DNA 链,完成一个循环,这条新的 DNA 链又作为下次循环的模板,重复该过程,从而将位于两引物之间的特定 DNA 片段复制几百万倍。PCR 扩增的过程一般可分为变性→退火→延伸 3 个步骤(图 2-1-2-1),其特异性取决于与靶序列两端互补的寡核苷酸引物。

1. 变性

变性是指模板 DNA 双链间碱基对的氢键断裂,DNA 双螺旋结构解体成两条单链,以便下一步与引物结合。一般采用热变性,将模板 DNA 加热至 90℃～95℃,双链 DNA 变性。变性的温度与 DNA 中 G＋C 含量有关,G＋C 含量越多,变性所需温度越高。若变性温度过高或变性时间过长,会使 DNA 聚合酶活性下降,但若变性温度过低,会使 DNA 模板变性不完全。

2. 退火

退火是特异性寡聚核苷酸引物与 DNA 单链的互补结合。由于引物浓度较高,长度较短,在适宜的温度下,与模板互补结合的速度要比两条模板链之间形成双链的速度快。退火温度与引物的长度和碱基组成有关,若退火温度较高,引物不能与模板形成稳定的碱基配对;若退火温度过低,非特异性结合增多。

3. 延伸

在 DNA 聚合酶的作用下,从引物的结合位点开始,以单链 DNA 为模板,按照碱基配对的原则,利用反应体系中的 4 种脱氧核苷三磷酸(dNTPs),合成与模板互补的 DNA 新链(半保留复制)。目前,PCR 反应使用较多的是 *Taq* DNA 聚合酶,这种酶可以耐受长时间的高温,最适反应温度为 72℃。

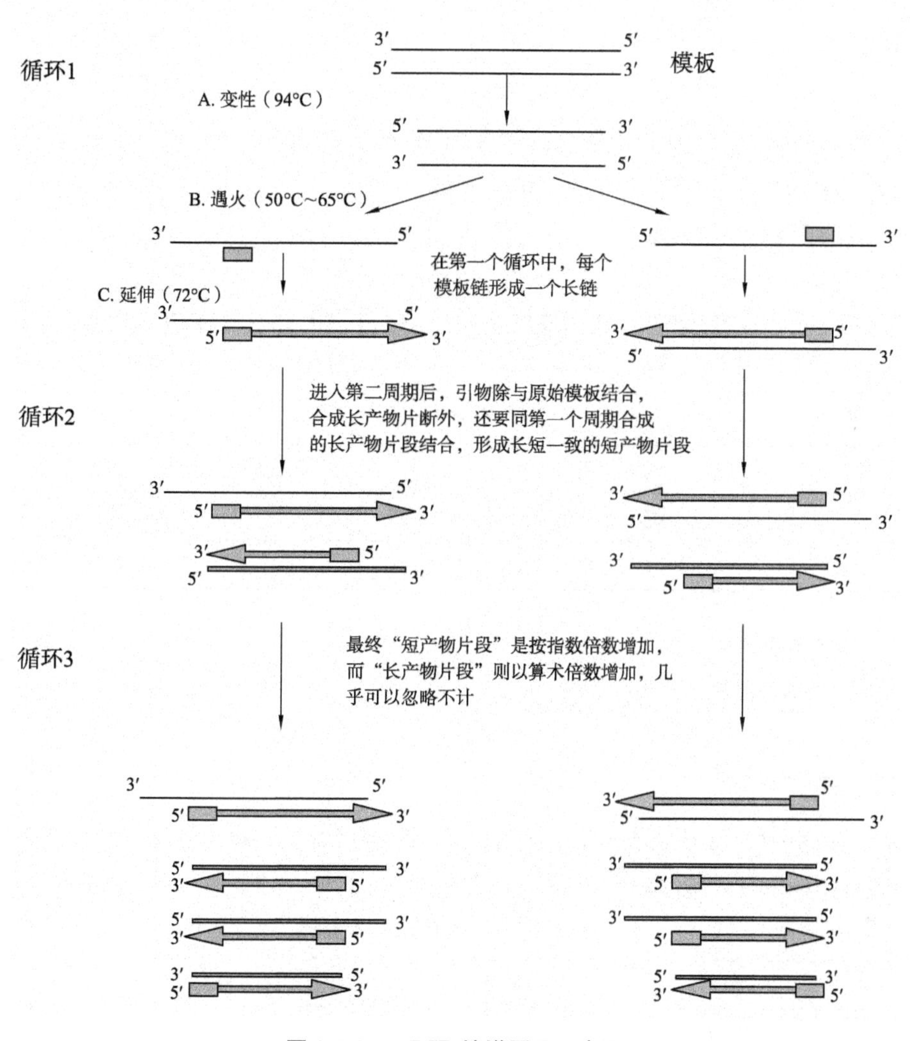

图 2-1-2-1　PCR 扩增原理示意图

（引自迈尔等编著，刘和等导读，2010）

4. 循环次数

随着 PCR 循环次数的增加，扩增片段以指数方式不断增多，但经过约 30 个循环以后，由于扩增产物的累积、引物及 dNTP 浓度的逐渐减少、聚合酶活性的不断降低，PCR 产物趋于饱和，进入平台期，非特异性产物开始逐渐增多。因此，在能够获得足够的产物量的前提下，应尽量减少循环次数，一般为 25～35 次，PCR 扩增量可达 10^6～10^7 个拷贝。

三、实验用品

1. DNA 模板

提取的大肠杆菌总 DNA。

2. 试剂

(1) 10×PCR buffer：500 mmol/L KCl，100 mmol/L Tris-HCl（pH 8.3），15 mmol/L $MgCl_2$。或购买商品化的 PCR buffer。

(2) 4 种 dNTP 混合液(各 10 mmol/L)。

(3) *Taq* DNA 聚合酶。

(4) 引物。

根据 UidA 基因(编码 β-葡萄糖醛酸酶)序列设计的特异性 PCR 扩增引物，见表 2-1-2-1。

表 2-1-2-1　PCR 扩增引物序列

引物	核酸序列 5′→3′	基因的位置	片段大小(bp)
$UidA_1$	AAAACGGCAAGAAAAAGCAG	754～773	147
$UidA_2$	ACGCGTGGTTACAGTCTTGCG	880～900	

3. 实验器材

PCR 仪、微量离心管、微量移液器等。

四、操作步骤

(1) 在冰浴中，按表 2-1-2-2 于微量离心管中依次加入 PCR 反应体系中的各成分，振荡混匀，并短暂离心。

表 2-1-2-2　PCR 反应体系

反应物	加入量(μL)
10×PCR buffer	10
dNTP(各 10 mmol/L)	2.0(各 200 μmol/L)
引物 $UidA_1$(10 pmol/μL)	5
引物 $UidA_2$(10 pmol/μL)	5
Taq DNA 聚合酶(5 U/μL)	0.5
模板 DNA	0.1 μg(根据 DNA 浓度确定加入量)
加双或三蒸水至	100 μL

(2) 设定 PCR 仪的反应程序：94℃预变性 6 min，进入 PCR 循环阶段，94℃、30 s，58℃、30 s，72℃、1 min，30 个循环，最后 72℃延伸 5 min。

(3) 反应结束，将反应管从 PCR 仪中取出，置 4℃待进一步电泳分析。

五、实验报告

思考题

你认为哪些因素会影响 PCR 扩增的特异性？为什么？该如何控制？

【参考文献】

1. 钱存柔，黄仪秀. 微生物学实验教程[M]. 第 2 版. 北京：北京大学出版社，2008.

2. 肖琳，杨柳燕，尹大强，张敏跃. 环境微生物实验技术[M]. 北京：中国环境科学出版社，2004.

3. 张兰英，刘娜，孙立波，等. 现代环境微生物技术[M]. 北京：清华大学出版社，2005.

4. 张维铭. 现代分子生物学实验手册[M]. 北京：科学出版社，2005.

5. 赵斌，何绍江. 微生物学实验[M]. 北京：科学出版社，2008.

6. Bej A K, Dicesare J L, Haff L, Atlas R M. Detection of *Escherichia coli* and *Shigella* spp. in water by using the polymerase chain reaction and gene probes for *uid* [J]. Applied and Environmental Microbiology, 1991, 57(4): 1013-1017.

7. Maheux A F, Picard F J, Boissinot M, Bissonnette L, Paradis S, Bergeron M G Analytical comparison of nine PCR primer sets designed to detect the presence of *Escherichia coli*/ *Shigella* in water samples [J]. Water Research, 2009, 43(12): 3019-3028.

实验 2-1-3　琼脂糖凝胶电泳分析

一、实验目的

(1) 了解 DNA 的琼脂糖凝胶电泳分析的原理。

(2) 掌握琼脂糖凝胶电泳分析技术。

二、实验原理

电泳分析是指带电荷的物质在电场中，向与其电性相反的电极移动，根据迁移速度的不同而达到分离的目的。核酸分子因其结构中含有氨基和磷酸基，属于两性离子，当环境的 pH 高于其等电点时，核酸分子解离，表现出负电荷(磷酸基)，在电场中将向正极迁移；反之，当环境的 pH 低于其等电点时，在电场中将向负极迁移。

琼脂糖凝胶和聚丙烯酰胺凝胶是核酸电泳分析时最常用的两种介质，其中，琼脂糖凝胶的孔径较大，通常用来分离 100 bp～60 kb 的核酸分子，是一种简便、快速地分离、纯化和鉴定核酸的方法；而聚丙烯酰胺凝胶孔径较小，用来分离 5～500 bp 的较小核酸片段，有更高的分辨率，常用于小分子基因片段的分离、DNA 序列分析等。下面以琼脂糖凝胶电泳为例介绍核酸的电泳分析技术。

琼脂糖是一种天然的线性多聚物，在水中 90℃以上开始溶解，40℃以下形成半固体透明的凝胶，具有均匀稳定的网状结构，其孔径大小取决于琼脂糖的浓度，从而能够分离不同大小的 DNA 片段(表 2-1-3-1)。琼脂糖凝胶对生物大分子物质的吸附性很小，以此作为电泳支持介质，近似于自由电泳，当 DNA 分子在琼脂糖凝胶中泳动时，受电荷效应与分子筛效应的双重作用。由于单位长度的双链 DNA 分子所带电荷相等，所以，DNA 分子在电场中的迁移速度取决于凝胶网孔的迁移阻力，即分子筛效应，所以，DNA 分子的迁移速度不仅与 DNA 分子所带电荷的性质和数量有关，还受其分子大小和构型的影响。一般来说，DNA 分子的迁移速度，与相对分子质量的对数值成反比，而且，超螺旋 DNA>线状 DNA>开环 DNA，从而形成不同的电泳区带。另外，凝胶中的 DNA 可与溴化乙啶(EB)形成 EB-DNA 复合物，在紫外照射下发射 590 nm 的橘红色荧光，且荧光强度与 DNA 的含量成正比，通过与标准 DNA 的比对，还可测得 DNA 片段的相对分子质量及浓度。

表 2-1-3-1 琼脂糖浓度和 DNA 分子的有效分离范围

琼脂糖浓度(%)	线状 DNA 大小(kb)
0.3	5～60
0.6	1～20
0.7	0.8～10
0.9	0.5～7
1.2	0.4～6
1.5	0.2～4
2.0	0.1～3

(引自张维铭,2005)

三、实验用品

1. DNA 样品

PCR 扩增产物或提取的细菌总 DNA。

2. 试剂

(1) 5×TBE(pH 8.0)(电泳缓冲液):Tris 54.0 g,硼酸 27.5 g,0.5 mol/L EDTA (pH 8.0)20 mL,加去离子水至1 000 mL,高压灭菌后,4℃保存备用,临用前稀释使用。

(2) 凝胶加样缓冲液(6×):溴酚蓝 0.25 g,蔗糖 40 g,去离子水 100 mL,4℃保存备用。

(3) 溴化乙啶(EB):配制 10 mg/mL 的储备液,4℃保存备用。

(4) 0.5 μg/mL 的使用液:50 μL 10 mg/mL 的溴化乙啶,100 mL 5×TBE 缓冲液,加去离子水至 1 000 mL。

注意:

EB 是诱变剂,具有一定毒性,在操作过程中必须戴上手套,避免皮肤接触,而且含 EB 的废液或固体废物必须进行净化处理。

(5) 其他药品

琼脂糖、DNA Marker。

3. 实验器材

电泳装置、凝胶成像系统、微量移液器、胶带等。

四、操作步骤

1. 制胶

（1）用胶布或胶带纸将胶床两端封闭，垂直插好梳子，水平放置于桌面上。

（2）称取 0.5 g 琼脂糖，加入 50 mL 0.5×TBE 缓冲液，加热直至琼脂糖完全溶解。

（3）将融化的琼脂糖冷却至 60℃左右，倒入胶床中（注意不要有气泡产生），形成厚度为 3～5 mm 的胶层，室温下自然冷却、凝固。

（4）取下胶床两端的胶布或胶带纸，将凝胶连同胶床一起放在电泳槽中，加入 0.5×TBE 缓冲液，高出凝胶面 1～2 mm。

（5）小心拔出梳子，避免破坏加样孔。

2. 上样

（1）取 5 μL 的 DNA 样品，与 1 μL 的上样缓冲液，用移液器反复吹吸混匀，轻轻地加入凝胶的样品孔中。

注意：

上样缓冲液中含有指示剂，用于指示 DNA 样品在凝胶中的电泳过程，一般用 0.25%的溴酚蓝，呈蓝紫色，电泳时，它与 0.5 kb 的 DNA 具有相似的迁移速度。上样缓冲液中还含有用于增加样品相对密度的物质，一般用 40%的蔗糖或 30%的甘油，从而使样品沉降于加样孔的底部，而不扩散。注意加完一个样品换一个枪头，避免污染，加样时不要破坏样品孔周围的凝胶面。

（2）同样取 DNA 标准液（DNA marker）加入另外的加样孔中。

3. 电泳

（1）接通电源，设置电压为 120 V，开始电泳。

（2）当溴酚蓝指示剂移动到距凝胶前端 1 cm 左右时，关闭电源，停止电泳。

4. 染色

取出凝胶，用 0.5 μg/mL 的 EB 浸泡染色 10～20 min，用蒸馏水漂洗两次。

5. 结果观察

取出凝胶，置凝胶成像系统中，打开紫外灯检测仪，观察呈橘红色荧光的 DNA 条带，与 Marker 的电泳条带相比较，估测 DNA 片段的相对分子质量及浓度，并打印电泳图谱。

五、实验报告

1. 实验结果

（1）请分析你的电泳结果如何？存在什么问题？分析问题产生的可能原因。

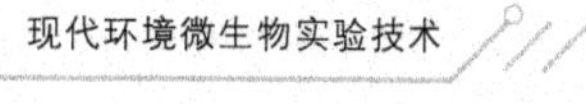

(2) 根据电泳图谱,估测 DNA 片段的相对分子质量及其浓度。

2. 思考题

要使电泳条带均匀、清晰,你认为应该注意哪些因素?为什么?

【参考文献】

1. 钱存柔,黄仪秀. 微生物学实验教程[M]. 第 2 版. 北京:北京大学出版社,2008.
2. 张维铭. 现代分子生物学实验手册[M]. 北京:科学出版社,2005.
3. 赵斌,何绍江. 微生物学实验[M]. 北京:科学出版社,2008.

实验2-2 微生物细胞的荧光探针及其检测技术

随着环境微生物学研究技术的发展，快速、准确、高效地对各种环境中的微生物进行直接检测成为可能。使用一般的染色剂对微生物进行染色，受杂质颗粒、有机质等干扰物的影响较大。由于有些微生物细胞和细胞内某些物质，受激发后会自发地产生荧光，另有大多数微生物细胞本身虽不能发出荧光，但使用荧光探针可提高检测效果，通过荧光显微镜、流式细胞仪、激光共聚焦显微镜、分子荧光光谱仪等进行环境微生物分析。目前，用于微生物直接检测的荧光染料较多，可针对不同的实验目的进行选用。另外，还可以荧光染料标记的寡核苷酸作为探针进行特定微生物的检测。下面介绍几种常用的荧光染料（探针）。

一、吖啶橙

吖啶橙（acridine orange，AO）具有膜通透性，能透过细胞膜和细菌细胞中的核酸物质特异性结合，其激发波长为 488 nm。但是处于不同生理状态的细菌细胞与吖啶橙结合后，可以发出不同颜色的荧光。如快速生长的细菌细胞内含有较多的 RNA 和单链 DNA，与吖啶橙结合后，呈现橙红色荧光；不活跃的、生长缓慢的或休眠状态的菌体细胞内含有较多的双链 DNA，与吖啶橙结合后，呈现绿色荧光；死亡的菌体细胞内 DNA 被破坏成单链 DNA，与吖啶橙结合后，也呈现橙红色荧光；当橙红色与绿色两种荧光混合在一起时，呈现黄色荧光（彩图 4 A）。此外，菌体的荧光颜色也受样品处理过程、染料浓度、样品理化状态等因素的影响；体积较小的非细菌颗粒物对吖啶橙的非特异性吸附，也会使细菌的计数出现偏差。目前，该荧光染料广泛用于测定各种水环境中的细菌总数。

二、4,6-二氨基-2-苯基吲哚

4,6-二氨基-2-苯基吲哚（4′,6-diamidino-2-phenylindole，DAPI）是一种能够与大多数微生物 DNA 结合的荧光探针，可以透过完整的细胞膜，常用于微生物总数的计数。DAPI 主要与双链 DNA 结合，最大吸收波长为 358 nm，在 461 nm 左右呈现出蓝色荧光（彩图 4B）。DAPI 也可以和 RNA 结合，在 400 nm 左右产生较弱的荧光。有时 DAPI 与样品中的非 DNA 物质结合，发出黄色荧光。

三、碘化丙啶

碘化丙啶(propidium iodide, PI)不能通过活细胞膜,但能穿过破损或固定的细胞膜而与DNA结合。在嵌入双链DNA后,在490/635 nm波长下呈红色荧光(彩图4C)。PI经常被用来与FDA、SYTO 9等荧光探针一起使用,可同时对活细胞和死细胞染色。

四、SYTO 9

SYTO 9是一种能够渗入完整细胞膜而与DNA结合的荧光小分子,死、活细胞均能被染色,在480/500 nm波长下呈绿色荧光。常与PI一起使用,PI与SYTO 9竞争核酸着染位点,并能降低SYTO 9的绿色荧光效果,用于区别死、活细菌(彩图4D)。

五、荧光素二乙酸酯

荧光素二乙酸酯(fluorescein diacetate, FDA)是酯酶底物,可透过细胞膜,被细胞内酯酶水解产生可溶于水的高荧光强度产物——荧光素,如果细胞膜是完整的,荧光素积蓄在活细胞内,如果细胞膜有损伤,荧光素将透过细胞膜从细胞内流失。荧光素的激发和发射波长分别为488 nm和530 nm,呈现出黄绿色荧光(彩图4E)。

六、SYBR Green Ⅰ

SYBR Green Ⅰ穿透性较强,与双链DNA结合呈现绿色荧光,最大吸收波长约为497 nm,最大发射波长约为520 nm。与单链DNA结合为橘黄色荧光,可用于电泳分析及病毒和细菌的观察计数。

实验2-2-1　水体中微生物总数的直接计数

一、实验目的

了解并掌握荧光显微镜直接计数微生物总数的基本原理和方法。

二、实验原理

荧光显微镜直接计数法是目前常用的微生物总数的简单、快速、可靠的计数方法,4,6-二氨基-2-苯基吲哚(4′,6-diamidino-2-phenylindole, DAPI)是常用的荧光染料。将样品中的微生物用荧光染料DAPI处理,当DAPI与微生物的DNA结合后,在荧光显微镜下经358 nm的激发光激发，发出461 nm的蓝色荧光，从而可计数样品中微生物的数量。

DAPI作为一种常用的荧光探针（染色剂）用于微生物总数的计数，能够使大多数微生物着色，包括细菌、真菌菌丝体、放线菌、藻类、病毒等，但不能直接进入完整的真菌孢子，所以DAPI作为荧光探针用于微生物总数的直接计数也有一定缺陷。但由于真菌孢子非常容易受到机械损伤，如利用盖玻片轻压等易使其受损，DAPI可以进入受损的孢子而使其着色。

三、实验用品

1. 试剂

(1) DAPI工作液（10 μg/mL）：将一定量的DAPI溶于蒸馏水中，制备成高浓度的储备液（200 μg/mL），经0.22 μm滤膜过滤，分装后于－20℃冷冻保存。使用前将储备液解冻后稀释成10 μg/mL的工作液，经0.22 μm滤膜过滤后使用。

(2) 无颗粒甲醛：经0.22 μm滤膜过滤的37%～40%的甲醛溶液。

2. 实验器材

无菌样品瓶、移液器、黑色核孔滤膜（∅25 mm、孔径0.22 μm聚碳酸酯滤膜）、抽滤装置、无荧光镜油、镊子、载玻片、盖玻片、荧光显微镜等。

四、操作步骤

1. 样品的采集

在河流、湖泊等可以取水的地方采集水样，将无菌采样瓶直接插入水面下10～15 cm处，打开瓶塞取水，注意不要搅动水底的沉积物。自来水采集，应先将水龙头打开数分钟，排出管道中的积水，再采集新鲜水。样品采集后，加入无颗粒甲醛固定（甲醛终浓度2%）。

2. 过滤及染色

根据样品情况，用无菌移液器取一定量的水样（5～15 mL），经0.22 μm、直径25 mm的黑色核孔滤膜（聚碳酸酯滤膜）过滤收集菌体（抽滤装置应预先用无菌水清洗）。抽滤至滤膜刚好呈湿润状态，然后在滤膜上加入1 mL DAPI工作液，使其覆盖滤膜，避光染色5～10 min，继续将滤膜抽干。

3. 荧光显微观察计数

取一干净的载玻片，加一滴无荧光镜油，将核孔滤膜用镊子小心地从滤器上取下，贴在载玻片上，将有菌体的一面朝上，再在滤膜上加一滴无荧光镜油，然后盖上盖玻

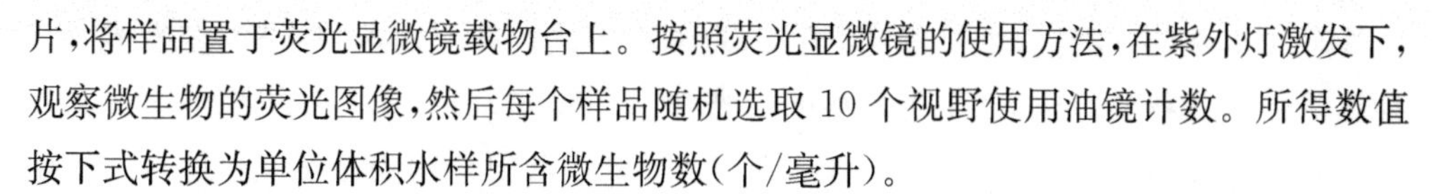

片，将样品置于荧光显微镜载物台上。按照荧光显微镜的使用方法，在紫外灯激发下，观察微生物的荧光图像，然后每个样品随机选取10个视野使用油镜计数。所得数值按下式转换为单位体积水样所含微生物数（个/毫升）。

$$每毫升水样中的微生物数量（个/毫升）=\frac{C\times M}{F\times V}$$

式中：C——每个视野中微生物数量的平均值（个）；

F——显微镜油镜视野的面积（mm^2）；

M——滤膜的有效过滤面积（mm^2）；

V——过滤水样的体积（mL）。

五、实验报告

1. 实验结果

（1）请将荧光显微镜下每个视野中微生物的个数记录在下表中。

表2-2-1-1　微生物数量记录表

视野号	1	2	3	4	5	6	7	8	9	10
微生物数（个）										

（2）根据公式计算单位体积水样所含微生物的数量（个/毫升）。

2. 思考题

（1）根据该实验分析如何提高荧光显微镜直接计数法的准确性？

（2）请分析荧光显微镜直接计数法的优缺点。

附：荧光显微镜

一、荧光显微镜的主要构造

荧光显微镜的基本构造是在普通光学显微镜的基础上加上激发光源、滤色系统等附件组成的。

1. 光源

荧光显微镜的光源一般为高压汞灯（50～200 W），灯泡是用石英玻璃制成的，高压汞灯的发光是电极间放电使水银分子不断解离合还原过程中发射光量子的结果，它发射很强的紫外和蓝紫光，足以激发各类荧光物质，为荧光显微镜普遍采用。与普通光学显微镜不同,荧光显微镜的光源所起的作用不是直接照明,而是作为激发光激发标本内的荧光物质,从而产生可观察的荧光。

2. 滤色系统

滤色系统是荧光显微镜的重要部件,由激发滤镜、二分色镜和阻断滤镜组成。在新型的落射式荧光显微镜中,激发滤镜/二分色镜/阻断滤镜作为一个组合插块。由于每种荧光物质都有一个产生最强荧光的激发光波长和特定荧光波长,在实际使用时,根据不同荧光物质的光谱性质,可选择不同的组合插块,从而满足不同标本观察的需要。

(1) 激发滤镜

激发滤镜可选择性地允许特定波长的激发光通过,一般有紫外(UV)、紫色(V)、蓝色(B)和绿色(G)激发滤镜,提供不同波长范围的激发光。

(2) 阻断滤镜

阻断滤镜可以滤掉短波光,只允许特定波长的荧光通过,从而获得清晰的荧光图像,并保护观察者的眼睛不受激发光的伤害。

(3) 二分色镜

由镀膜的光学玻璃制成,兼有透过长波光和反射短波长光的功能,镜面方位与激发光和荧光的光轴均呈 45°角。

二、荧光显微镜的光学原理

荧光显微镜是利用“光化学荧光”的原理,达到荧光显微术镜检的目的。就是利用一定波长的光(多用紫外光或短波长的光)作为激发光,照射标本内的荧光物质产生可见荧光,再通过物镜和目镜系统的放大进行荧光观察。按照光源位置的不同,荧光显微镜分透射式和落射式两种。

透射式荧光显微镜的光源位于标本的下方,聚光器为暗视野聚光器,激发光本身不进入物镜,只有荧光进入物镜。在低倍镜下视野明亮,高倍镜下较暗。透射式不适用于非透明的被检物体。而且,为了减少激发光在穿过载玻片时的损失,最好使用石英玻璃载玻片。

新型的荧光显微镜多为落射式(图 2-2-1-1),光源来自于标本的上方,激发光不经过载玻片直接照射在标本上,激发光的损失小,荧光效应高,对透明和非透明的标本都能观察。由激发滤镜选择的特定波长的激发光,经二分色镜向下反射,再通过物镜自上而下聚焦到标本上,这时物镜起到聚光的作用,从低倍镜到高倍镜,可以实现整个视场的均匀照明。标本所产生的荧光以及盖玻片表面反射的激发光自下而上进入物镜,经过二分色镜使激发光和荧光分开,残余的激发光再经阻断滤镜吸收,只让荧光到达目镜中,然后通过目镜观察标本荧光,以免干扰荧光和损伤眼睛。物镜同时起到聚光器和收集荧光的作用。激发光通过物镜聚焦到标本上,因此物镜应该用能透过紫外光的石英玻璃制造并兼有聚光功能。在使用低倍物镜时，由于数值孔径低，荧光较弱，当使用高倍镜时，数值孔径增大，荧光增强，视野较亮。

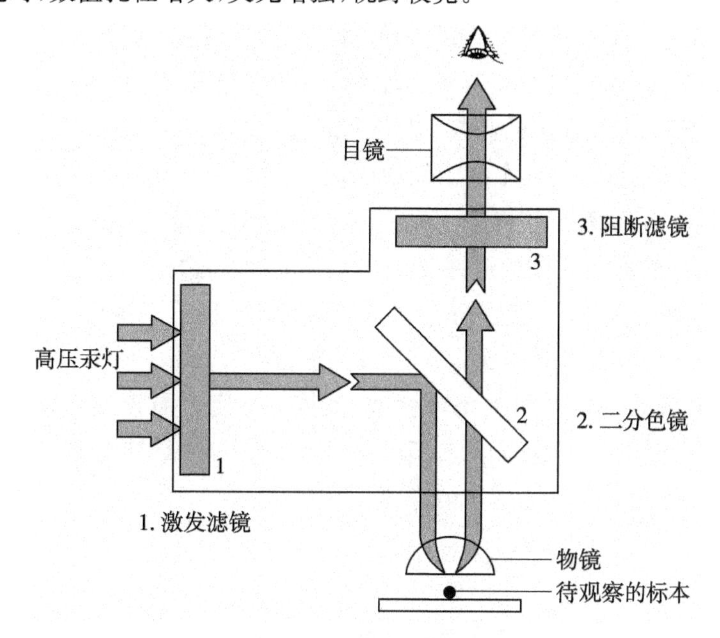

图 2-2-1-1　落射式荧光显微镜光学原理示意图

（引自沈萍等，2008）

三、荧光显微镜使用方法

（1）打开显微镜电源和电脑电源及相关软件。

（2）打开汞灯，预热 5～15 min，达到最强激发光。

（3）关闭激发光光阑，将标本置于载物台上。

（4）打开普通照明光源，先用低倍镜观察，找到合适的观察物像，调至视野中央，然后换用合适的高倍镜或油镜，并通过微调调节至图像清晰。

（5）关闭普通照明光源，选择所需要的激发滤镜/二分色镜/阻断滤镜的插块，打开激发光光阑。

（6）样品内的荧光物质被激发光激发出荧光，通过目镜进行荧光观察。

（7）观察完毕，取下标本，关闭汞灯电源和显微镜电源。如果使用油镜观察应立即擦掉镜油。

四、荧光显微镜使用注意事项

（1）荧光镜检应在暗室进行。

（2）用油镜观察标本时，必须用无荧光镜油。油镜使用完毕，要立即擦拭干净。

(3) 待检标本不能太厚,否则大部分激发光会消耗在标本下部,而能够直接观察到的标本的上部不能被充分激发,影响观察效果。

(4) 标本染色后要立即观察,随时间的延长,荧光会逐渐衰减。若将染色标本置4℃避光保存,可延缓荧光的衰减时间。另外,标本的荧光强度也随着激发光照射时间的延长而明显衰减,一般标本的镜检时间不得超过 3 h。

(5) 高压汞灯工作时由两个电极间放电,引起球形体内的水银蒸发,球内气压迅速升高,当水银完全蒸发,一般需 5~15 min,因此,汞灯开启后一般要 5~15 min 才能稳定,这时发出的光最强,所以不能在汞灯开启后立即观察标本。

(6) 当高压汞灯工作时间超过 90 min 后,发光强度明显下降,激发的荧光强度会随之减弱,所以汞灯开启时间每次以 1~2 h 为宜。

(7) 汞灯开启后不可立即关闭,以免水银蒸发不完全而损坏电极,一般需要等15 min后方可关闭。高压汞灯关闭后不能立即重新打开,要等待灯泡充分冷却后方可启动,应避免频繁开启,否则影响汞灯寿命。

【参考文献】

1. 董昌金. 丛枝菌根真菌孢子萌发及类黄酮对丛枝菌根形成影响的研究[D]. 武汉:华中农业大学,2004.

2. El-Azizi M, Rao S, Kanchanapoom T, Khardori N. In vitro activity of vancomycin, quinupristin/dalfopristin, and linezolid against intact and disrupted biofilms of *Staphylococci*[J]. Annals of Clinical Microbiology and Antimicrobials. 2005, 4:2 doi:10.1186/1476-0711-4-2.

3. [美]迈尔等. 环境微生物学[M]. 第 2 版. 刘和,陈坚导读(影印本). 北京:科学出版社,2010.

4. 沈萍,陈向东. 微生物学实验[M]. 第 4 版. 北京:高等教育出版社,2008.

5. 肖琳,杨柳燕,尹大强,张敏跃. 环境微生物实验技术[M]. 北京:中国环境科学出版社,2004.

6. 张晓华. 海洋微生物学[M]. 青岛:中国海洋大学出版社,2007.

7. 赵斌,何绍江. 微生物学实验[M]. 北京:科学出版社,2008.

实验 2-2-2　重金属铜污染对水体中细菌的致毒效应

进入环境中的许多重金属，往往在浓度很低的情况下就会对生物系统产生明显的毒性效应，尤其是环境微生物对重金属污染的反应更为敏感。重金属一般可以通过扩散或其他特定途径穿过微生物细胞膜(图 2-2-2-1)，从而对微生物细胞中的各种生理过程产生毒害作用(图 2-2-2-2)，最终造成微生物数量的减少和微生物群落生态功能的丧失。另外，不同类属的微生物因其不同的生理、遗传特性，对重金属毒性的敏感程度不同，一般来说，细菌>放线菌>真菌。

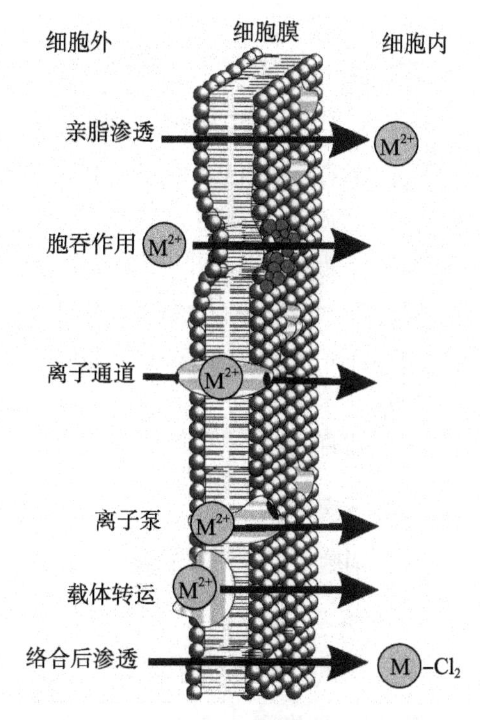

图 2-2-2-1　金属进入细胞的各种机制

(引自迈尔等编著，刘和等导读，2010)

在各种重金属元素中，铜是生命所必需的微量元素，但过量的铜又会对生物体造成伤害。铜污染的主要来源是铜锌矿的开采和冶炼、金属加工制造等行业，排放的废水中含铜量最高，对排放环境中微生物的生态功能产生明显的抑制或破坏作用，因此，在诸多的国家环境标准中对不同环境中铜的含量均有相关规定。该实验以革兰氏阳性或革兰氏阴性标准菌株——金黄色葡萄球菌(*Staphylococcus aureus*)或大肠杆菌(*Escherichia coil*)作为受试微生物，研究重金属铜的毒性效应。

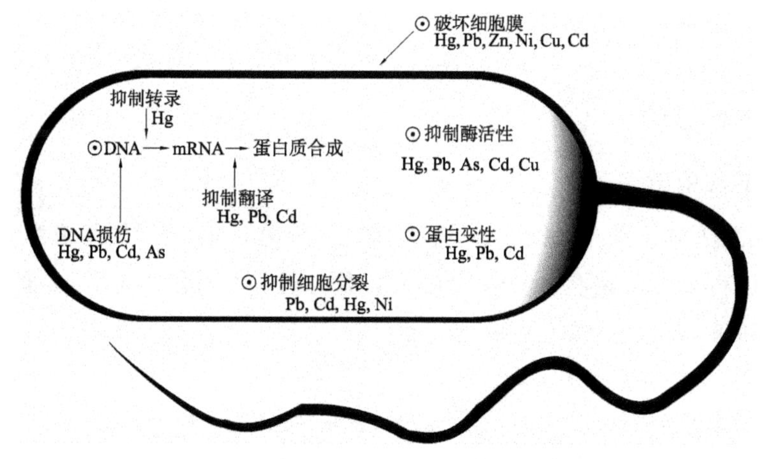

图 2-2-2-2　金属对微生物细胞的毒性作用

(引自迈尔等编著，刘和等导读，2010)

一、实验目的

(1) 了解水中不同浓度的铜随时间变化对受试菌的抑菌作用。

(2) 了解铜(硫酸铜)的最低抑菌浓度。

二、实验原理

铜对微生物的致毒作用主要表现在破坏细胞膜及抑制酶的活性,从而使微生物丧失生长代谢的基础而死亡。碘化丙啶(PI)是膜非渗透性染料,可被活细胞排除在外,但能穿过破损的细胞膜嵌入双链 DNA 后释放红色荧光。正常活细胞不能着色,早期坏死细胞呈微弱红光,细胞膜开始破损后细胞红光加强。利用碘化丙啶对不同铜浓度及不同致毒作用时间的受试微生物进行荧光染色,通过流式细胞仪检测分析致毒失活的细胞,从而了解重金属铜随时间变化对受试菌毒性作用的动态变化。

三、实验用品

1. 实验器材

流式细胞仪、VITEK 比浊仪、恒温振荡培养箱、灭菌锅、离心机等。

2. 培养基

牛肉膏蛋白胨液体培养基。

3. 受试微生物

金黄色葡萄球菌(*Staphylococcus aureus*)或大肠杆菌(*Escherichia coil*)。

4. 试剂

碘化丙啶(PI):用生理盐水配制成 1 mg/mL 的溶液备用。

$CuSO_4$、无菌生理盐水等。

四、操作步骤

1. 菌悬液的制备

将受试菌接种于 150 mL 牛肉膏蛋白胨液体培养基中,37℃振荡培养 12 h 至对数生长期。4 500 r/min 离心 5 min,弃上清液,用生理盐水洗涤菌体 2 次,重新悬浮于生理盐水中制成 5×10^6 CFU/mL 的菌悬液。

注意:

受试微生物要采用对数生长期的菌体,这时正常衰亡的细胞数量较少,对照样品的 PI 荧光强度较弱,也是对污染物反应比较敏感的时期。

2. 铜的毒性实验

利用 $CuSO_4$ 配置 100 mg/L 的重金属铜的母液，再稀释成 10 mg/L 的工作液。然后分别向 50 mL 菌悬液中依次加入铜工作液，使铜的终浓度分别为：0，5 μg/L，10 μg/L，20 μg/L，50 μg/L，100 μg/L，200 μg/L，分别于实验的 0，2 h，4 h，6 h，8 h，10 h，12 h 时取样。

3. 流式细胞仪检测

向样品中加入 1 mg/mL 的 PI 储备液，使终浓度为 10 μg/mL，摇匀，室温避光染色 15 min，用流式细胞仪检测分析。同时以 H_2O_2 杀菌样品作为流式细胞仪检测的阳性对照。

五、数据分析及处理

（1）在操作软件的 Inspector 窗口中选择 Analysis，从 Select File 选项中选择要分析的样品文件，利用相关工具进行数据分析。

（2）从 Stats 菜单中选择 Quadrant Stats，显示数据分析结果。

六、实验报告

1. 实验结果

（1）根据实验结果，计算不同浓度的铜随时间变化对受试菌的致死百分率（%），并记录在下表内。

表 2-2-2-1　不同浓度的铜随时间变化对受试菌的致死百分率(%)

		铜浓度(μg/L)						
		0	5	10	20	50	100	200
作用时间(h)	0							
	2							
	4							
	6							
	8							
	10							
	12							

（2）绘制不同浓度的铜对受试菌的致死作用曲线。

（3）绘制铜随着时间变化对受试菌的致死作用曲线。

2. 思考题

(1) 与其他计数法相比,分析流式细胞仪应用于环境微生物毒性效应检测的优缺点。

(2) 根据铜对革兰氏阳性菌和革兰氏阴性菌的毒性效应,简要分析铜污染对自然水体生态系统可能的影响。

附:流式细胞仪

流式细胞仪是集电子技术、计算机技术、激光技术、流体理论、细胞化学、细胞免疫学技术于一体的细胞分析仪器,可以对细胞等生物粒子的理化及生物学特性进行多参数、快速定量分析,同时具有分选特定细胞群的功能。随着仪器检测功能的不断增加、分析精度和速度的不断提高,其应用领域也在不断扩大,现已为生物学、医学等相关领域提供了重要的研究手段,近年来,在环境生物学的研究中也逐渐发挥了其重要的功能,检测方法得到不断发展和完善。

一、流式细胞仪的基本结构和工作原理

流式细胞仪主要由 4 部分组成(图 2-2-2-3):流动室和液流系统、激光源和光学系统、光电管和检测系统、计算机和分析系统。

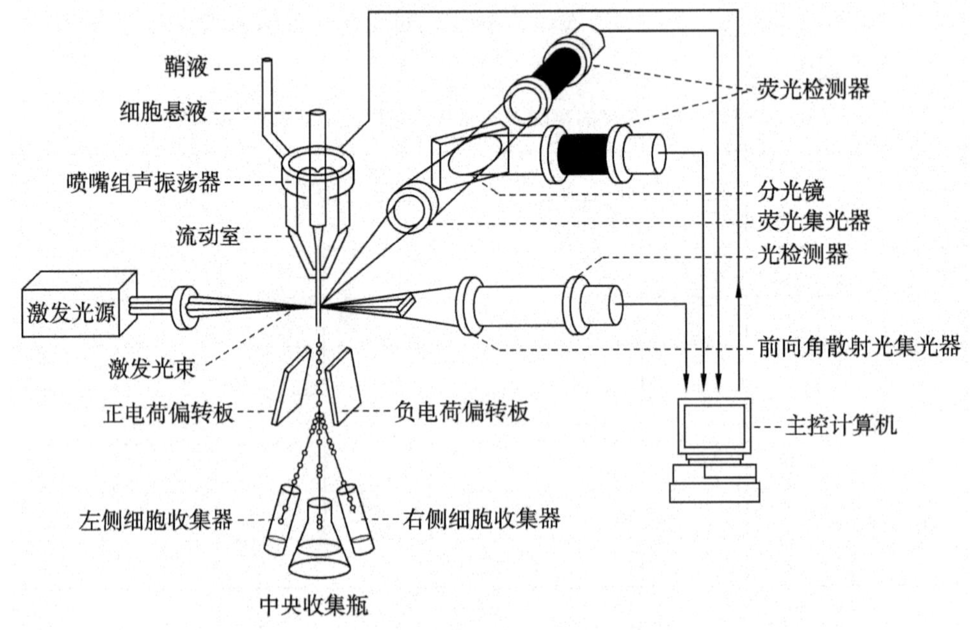

图 2-2-2-3 流式细胞仪结构示意图

(引自优尔生,2009)

1. 流动室和液流系统

流动室是流式细胞仪的重要部件，流动室内是稳定的鞘液流（最大流速 10 m/s）。在气压作用下，待测的单细胞悬液被压入流动室，利用样品流和鞘液流的气压差的层流作用原理，细胞液柱被鞘液流包裹在液流的中心轴线上，匀速地从流动室的喷嘴喷出，使细胞一个个通过激光检测区。

2. 激光源和光学系统（图 2-2-2-4）

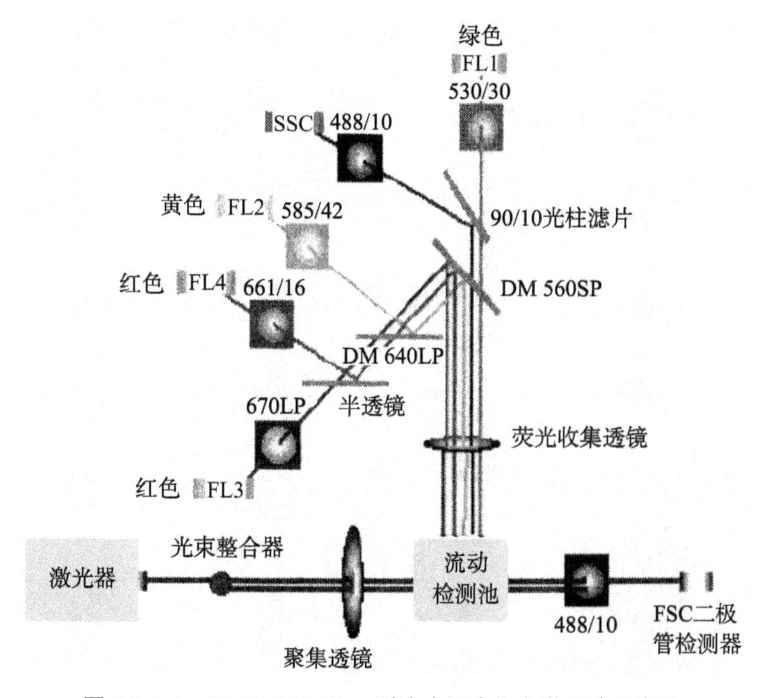

图 2-2-2-4　BD FACSCalibur 型流式细胞仪光学系统示意图

（引自贾永蕊，2009，适当改动）

流式细胞仪常用的激发光源是激光，最常用的激光器是氩离子气体激光器，它的发射波长是 488 nm（蓝色激光），常用的还有氦氖离子气体激光器，发射波长是633 nm（红色激光），还有氪离子激光器（647 nm）、染料激光器（550 nm 以上）和紫外激光器（300～400 nm）等，流式细胞仪一般可配备一个或多个激光器。

在激发光源和流动室之间有两个圆柱形透镜，其作用是将激光光束聚焦成横截面较小的、能量呈正态分布的椭圆形光束（22 μm×66 μm），增强激光的能量，并使细胞得到均匀照射。

另外，为了减少杂散光对荧光信号的干扰，在光路中还使用了多种滤光片，从而有选择地使某一波长区段的光线滤除或通过，将样品发射的不同波长的荧光信号送到不同的光电倍增管，提高信噪比。滤光片主要分为 3 类（图 2-2-2-5）：长通滤片（long-pass filter, LP），只允许特定波长以上的光通过；短通滤片（short-pass filter, SP），只允许特定波长以下的光通过；带通滤片（band-pass filter，BP），只允许一定波长范围内的光通过。不同组合的滤光片可以将不同波长的荧光信号送到不同的光电倍增管（PMT）接收并转化为电信号。

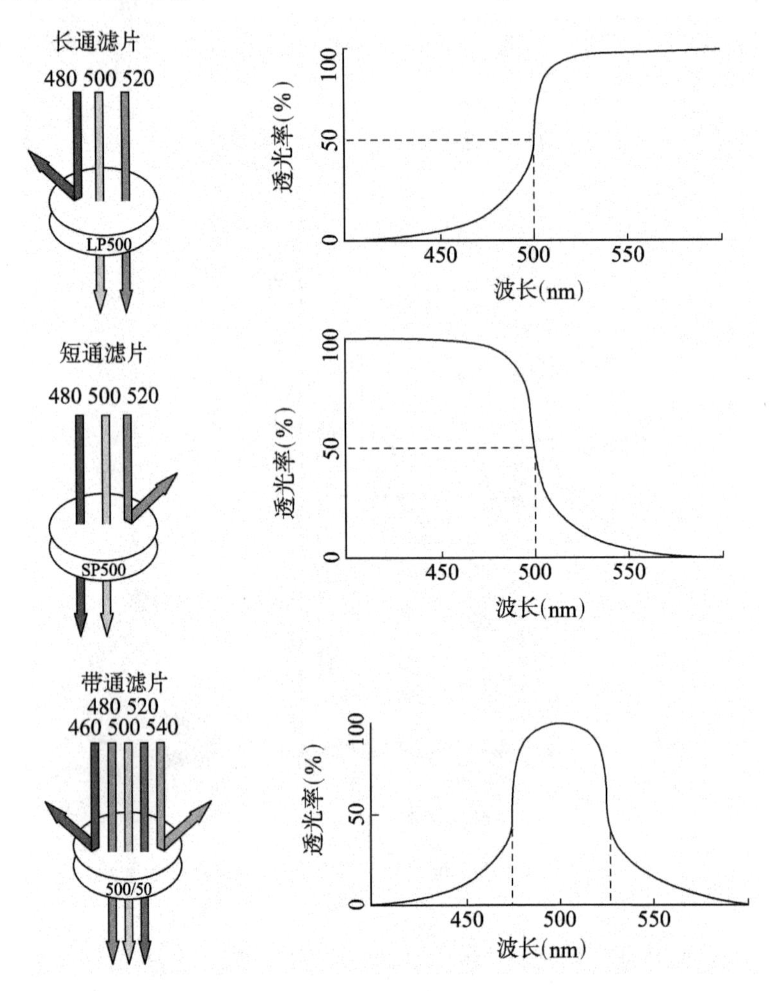

图 2-2-2-5　流式细胞仪滤光片的波长范围

（引自贾永蕊，2009）

3. 光电管和检测系统

经荧光染色的细胞从流动室的喷嘴流出，在 90°方向激光束的照射下，同时产生散射光和激发荧光信号。所有信号通过一系列的信号转换、放大，数字化处理，进行细胞的定量分析。

（1）散射光信号（图 2-2-2-6）

散射光信号反映细胞的物理参数，包括细胞大小和内部结构等信息。散射光分为前向角散射（forward scatter，FSC，又称 0°散射）和侧向角散射（side scatter，SSC，又

称 90°散射)。前向角散射反映被测细胞的大小或表面积,主要为光的衍射作用,光的强弱基本上取决于细胞体积的大小,它由前向光电二极管接收并转变为电信号;侧向角散射反映细胞膜、细胞质、核膜的折射率以及细胞内颗粒物质的大小和多少,它由一个 90°方向的光电倍增管接收并转变为电信号。

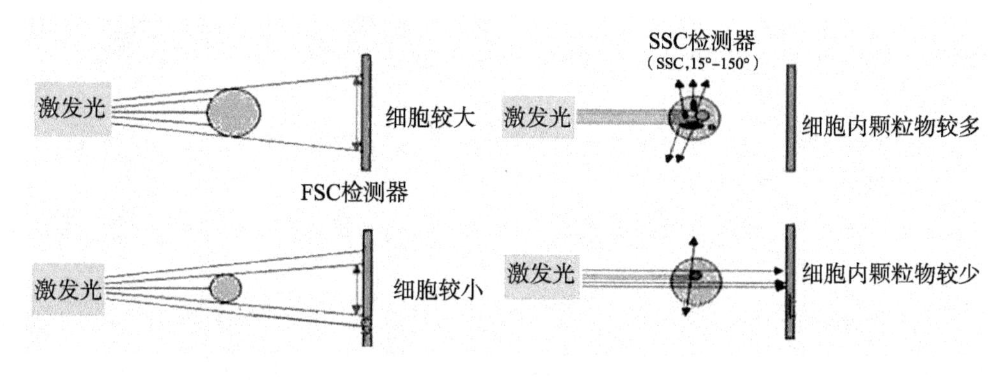

图 2-2-2-6　散射光信号示意图

(引自 easylabs,2009)

(2) 荧光信号

荧光物质受激发后可发出荧光信号,包括自发荧光和特征荧光,在进行荧光染色细胞检测时,自发荧光信号为噪声信号。各种荧光信号经过一系列滤光片的分离,形成多个不同波长的荧光信号,由各自的光电倍增管接收并转变为电信号。

(3) 检测器

常用的信号检测器有光电倍增管(PMT)和光电二极管。光电倍增管响应时间短,灵敏度高,适用于对弱光的测量,如 SSC 和各种荧光信号的检测,光电倍增管电压可调(150～999),信号强度随着电压的升高而增强。光电二极管适用于强光的测量,如 FSC 信号的检测,增益可调(10^{-1}～10^{4})。从光电倍增管或光电二极管输出的电信号经过线性放大器或对数放大器放大后再进行分析。线性放大器适用于在较小范围内变化的信号以及代表生物学过程的信号,如 DNA、蛋白质含量测量等;对数放大器常用于免疫学分析中。

4. 计算机和分析系统

经放大器放大后的电信号,通过模数转化器转换后,由计算机进行数据处理和分析,最后以单参数直方图、双参数图(散点图、等高线图或密度图)或三维图的形式显示出来。

二、流式细胞仪简要操作步骤(以 BD FACSCalibur 型流式细胞仪为例)

1. 开机

(1) 向鞘液桶中装入鞘液,不超过鞘液桶总体积的 4/5,向废液桶中装入漂白剂,约 400 mL，盖紧盖子和金属挡板。

（2）打开仪器电源和电脑电源，仪器状态显示 Stand by。

（3）将压力阀置于加压状态，排除管路中的气泡。

（4）仪器预热 5～10 min。

（5）按下 Prime 键，以排除 Flow cell 中的气泡。再在上样管中装入鞘液，HIGH RUN 约 2 min。

2. 仪器自动质控

（1）打开 FACSComp 软件。

（2）在 Sign In 窗口中填写相关信息，点击 Accept；进入 Set Up 窗口，选择或填写相关信息，点击 Run。

（3）流速设置为 HI，利用 Calibrite Beads 进行仪器的自动质控程序。首先利用 unlabeled 自动调节 PMT，再利用 Mixed，点击 Start，自动调节补偿和灵敏度调试。

（4）调试完成后，退出 FACSComp 软件，并将仪器状态设置为 Stand by。

3. 检测条件设定

（1）打开 CELL Quest Pro 操作软件。

（2）选择图形工具，在窗口中拖出大小合适的方框，编辑获取模式文件。

（3）进行电脑和仪器联机（Acquire→Connect to cytometer），出现 Acquision Control 窗口。

（4）从 Cytometer 菜单中打开 Detectors/Amps、Threshold、Compensation 窗口。

（5）上样，将流式细胞仪设定于 RUN，在 Acquision Control 窗口中，点击 Acquire，开始获取数据，调整实验获取条件，并储存在 Instrument Setting 中。

在 Detectors/Amps 窗口中，选择倍增模式（Mode）、信号倍增程度（Voltage、Amp Gain）；

在 Threshold 窗口中，选择适当的参数设定阈值，以减少噪音信号（细胞碎片等）；

在 Compensation 窗口中，调节荧光补偿。

4. 样品的流式细胞仪分析

（1）打开预设的获取模式文件（File），从 Cytometer 菜单中，调用预设的检测条件（Instrument Setting），设定获取细胞数（Counter），并进行文件存储设置（Acquire）。

（2）上样，开始样品分析（Acquire Contro→Acquire）。

注意：

样品必须为单细胞悬液，细胞浓度在 10^5～10^7 个/毫升，细胞或颗粒直径 0.2～80 μm，上机前用 400 目的尼龙网过滤以除去样品中较大的颗粒物杂质，以免造成管路堵塞。

5. 关机程序

(1) 以10%漂白剂作样品，将样品支撑架置于旁位，以外管吸入约2 mL，再将样品支撑架置于中位，HI RUN 5 min(内管吸入约2 mL)。

(2) 再用蒸馏水按照以上程序冲洗管路。

(3) 执行Prime功能3次，仪器转为Stand by状态。

(4) 至少10 min后，方可关闭仪器。

【参考文献】

1. 贾永蕊. 流式细胞术[M]. 北京：化学工业出版社，2009.

2. [瑞士]瑞菲尔·努纳兹. 流式细胞术原理与科研应用简明手册[M]. 刘秉慈，许增禄，主译. 北京：化学工业出版社，2005.

3. [美]迈尔等. 环境微生物学[M]. 第2版. 刘和，陈坚导读(影印本). 北京：科学出版社，2010.

4. 张甲耀，宋碧玉，陈兰洲，郑连爽. 环境微生物学[M]. 武汉：武汉大学出版社，2008.

实验 2-2-3　荧光原位杂交(FISH)技术检测土壤中的细菌

荧光原位杂交(简称 FISH)技术通常以待测定微生物保守区(主要是 16*S* rRNA，也有 23*S* rRNA 或 mRNA 等)特定的核苷酸序列为模板，设计一小段(15～30 bp)互补的寡核苷酸片段，并进行荧光标记。利用荧光标记的寡核苷酸探针与互补的核酸序列特异地在固定的微生物细胞中结合，并利用荧光显微镜或激光共聚焦显微镜等进行荧光信号分析，从而了解特定微生物的种类、丰度及其空间分布情况等。荧光原位杂交是一种不依赖于 PCR 的分子分析技术，它结合分子生物学的精确性和显微镜的可视性的优势，在单个细胞水平上进行微生物群落特征分析，而且可实现原位杂交检测，现已成为环境微生物群落研究的重要技术手段之一。

目前，数据库中已公布了大量细菌的 16*S* rRNA 的序列信息，并已有大量的寡核苷酸探针被设计合成，构建了寡核苷酸探针的数据库。常用于环境微生物检测的寡核苷酸探针如表 2-2-3-1 所示，常用来标记寡核苷酸探针的荧光染料见表 2-2-3-2。

表 2-2-3-1　环境微生物检测常用的寡核苷酸探针

探针	序列(5′→3′)	靶位点(16*S* rRNA)	特异种属
EUB338	GCTGCCTCCCGTSGGAGT	338～355	真细菌
ARCH915	GTGCTCCCCCGCCAATTCCT	915～934	古菌
NSO1225	CGCCATTGTATTACGTGTGA	1225～1244	氨氧化细菌
NSO～190	CGATCCCCTGCTTTTCTCC	190～208	氨氧化菌(β-亚纲变形菌)
Amx-0368-a-A-18	CCTTTCGGGCATTGCGAA	368～385	厌氧氨氧化菌
Amx-0820-a-A-22	AAAACCCCTCTACTTAGTGCCC	820～841	厌氧氨氧化菌 Candidatus “Brocadia anammoxidans”和“Kuenenia stuttgartiensis”
NIT3	CCTGTGCTCCATGCTCCG	1035～1048	硝化杆菌属
PAO846	CGCTCCCAGAACGCAAGG	846～864	聚磷菌 Accumulibacter phosphotis(Epbr15，Epbr16)
Ps	GCTGGCCTAGCCTTC	1432～1446	假单胞菌属
SRB385	CGGCGTCGCTGCGTCAGG	385～402	δ-*Proteobacteria* 中的硫酸盐还原菌(以 *Desulfovibrionaceae* 为主)

表 2-2-3-2 常用来标记寡核苷酸探针的荧光染料及其性质

荧光染料	最大吸收波长(nm)	最大发射波长(nm)	荧光颜色
异硫氰酸盐荧光素(FITC)	492	520	亮绿
四甲基异硫氰酸罗丹明(TRITC)	550	620	橙红
6-羧基荧光素(FAM)	470	518	蓝绿
六氯荧光素(HEX)	535	556	粉红
吲哚二羧菁 Cy3	552	570	橙红
吲哚二羧菁 Cy5	650	670	红外
氨甲香豆素乙酸(AMCA)	350	450	蓝色

FISH 技术的基本操作过程针对不同的环境样品基本相同,但各步骤的操作细节根据具体的研究对象有所不同,基本的操作过程包括:1) 载玻片的预处理;2) 样品的准备(细胞的收集、固定与预处理);3) 原位杂交;4) 洗脱;5) 荧光观察和分析。本实验以 FAM 标记的细菌通用探针 EUB338 检测土壤中的细菌为例,介绍 FISH 技术的基本操作过程。

一、实验用品

1. 核酸探针

5′端 FAM 标记的细菌通用探针 EUB338,序列为 5′-GCTGCCTCCCGTSGGAGT-3′,浓度 50 ng/μL。

2. 实验器材

无菌试剂瓶、天平、玻璃珠、灭菌锅、振荡器、恒温箱、离心机、杂交盒、移液器等。

3. 试剂

磷酸盐缓冲液(PBS):0.13 mol/L NaCl, 7 mmol/L Na_2HPO_4, 3 mmol/L NaH_2PO_4(pH 7.2)。

4%的多聚甲醛:称取 40 g 多聚甲醛,加入 500 mL PBS 溶液中,搅拌并加热至 60℃,成乳白色悬浊液,滴加少量 1 mol/L 的 NaOH 至溶液澄清,再补加 PBS 至总量 1 000 mL。

杂交液(100 mL):5 mol/L NaCl 18 mL,甲酰胺 20 mL,10% SDS 1 mL,2 mol/L Tris-HCl(pH 7.2)1 mL,双蒸水 60 mL。

洗脱液(100 mL):5 mol/L NaCl 5.2 mL,0.5 mol/L EDTA 1 mL,10% SDS 1 mL,2 mol/L Tris-HCl(pH 7.2)1 mL,双蒸水 79 mL。

其他:蛋白酶 K(10 μg/mL),溶菌酶(10 mg/mL),多聚赖氨酸(0.01%),盐酸

(1%),焦碳酸二乙酯(DEPC)(0.1%),吐温 80。

二、操作步骤

1. 载玻片的预处理

(1) 清洗

将载玻片用热肥皂水清洗,再用 1%的盐酸浸泡 24 h,蒸馏水冲洗后,于 0.1%的焦碳酸二乙酯(DEPC)溶液中浸泡 24 h,再次用蒸馏水冲洗干净。

(2) 硅化处理

将玻片在 1%的盐酸中煮沸 10 min,用蒸馏水冲洗干净,烘干备用。

(3) 包被

在载玻片上划出直径 5 mm 的圆形区域,取 10 μL 0.01%的多聚赖氨酸溶液,滴加在圆形区内,并布满整个区域,自然风干后备用。

2. 样品的准备

(1) 细胞的收集和固定

各实验小组根据自己的兴趣采集土壤样品,置无菌容器中带回实验室。称取一定量的新鲜土壤样品(5 g)加入适量的无菌磷酸盐缓冲液(100~200 mL)中,再加入 1%的吐温 80 工作液和适量的无菌玻璃珠,充分振荡 15 min,使土样均匀分散。取 1 mL 悬浊液于无菌离心管中,1 000 r/min 离心 2 min,将上清液转移至另一无菌离心管中,5 000 r/min 离心 3 min,弃上清液,再用 PBS 洗涤 2 次,重新悬浮在 4%的多聚甲醛溶液中,4℃固定 2 h。

注意:

多聚甲醛对皮肤、呼吸道有较强的刺激作用,操作时应在通风橱内进行,并避免直接接触;加热时温度不宜过高,否则多聚甲醛将失效;配置好的多聚甲醛溶液应尽快使用。

(2) 样品预处理

将固定的菌悬液 5 000 r/min 离心 3 min,弃上清液,再用 PBS 洗涤 2 次,重新悬浮在 PBS 中。加入蛋白酶 K 至终浓度 1 μg/mL,37℃水浴 30 min,用 PBS 洗涤 2 次。再加入溶菌酶至终浓度 1 mg/mL,37℃水浴 10 min,用 PBS 洗涤 2 次,并重新悬浮在 1 mL 的 PBS 中。

取 3 μl 悬液滴加到载玻片上多聚赖氨酸包被的圆形区域内(∅ 5 mm),37℃热固定 2 h,然后依次在浓度为 50%,80%,95%,100%的乙醇中脱色 3 min,自然风干。

3. 原位杂交

在杂交盒中放入纱布,并用杂交液将其湿润,预热至 46℃。

将杂交液与探针以 9∶1 的比例混匀，取 10 μL 混合液滴加到载玻片上的样品区，并置杂交盒中 46℃杂交 3 h。

4. 洗脱

杂交结束后，从杂交盒中取出载玻片，置预热到 48℃的洗脱液中洗脱 30 min(轻轻振荡玻片)，并用无菌去离子水清洗洗脱液，暗室中风干。

5. 荧光观察及分析

将载玻片置荧光显微镜下观察，随机计数 10 个视野中的蓝绿色荧光的菌体数，依据下式计数每克土中的细菌数。

$$\text{每克土中的细菌数(个/克)} = \frac{N \times A \times V}{a \times v \times g}$$

式中：N——每个视野中菌体数的平均值(个)；

a——每个视野的面积(mm^2)；

V——菌体提取所用磷酸盐缓冲液的总体积(mL)；

A——样品区的面积(mm^2)；

v——杂交样品的体积(mL)；

g——土壤样品的干量(g)。

三、实验报告

1. 实验结果

(1) 请将荧光显微镜下每个视野中的菌体数记录在下表中。

表 2-2-3-3　菌体数量记录表

视野号	1	2	3	4	5	6	7	8	9	10
菌体数(个)										

(2) 根据公式计算每克土样中的细菌数(个/克)。

2. 思考题

(1) 请分析使用荧光原位杂交技术进行环境微生物检测的优缺点。

(2) 根据你所掌握的微生物检测及计数方法，请分析各种方法的适用范围。

【参考文献】

1. 陈瑛，任南琪，李永峰，程瑶. 微生物荧光原位杂交(FISH)实验技术[J]. 哈尔滨工业大学学报，2008，40(4)：546-549，575.

2. 张伟，刘丛强，刘涛泽，陆婷，张丽丽. 荧光原位杂交在喀斯特山地土壤硫酸盐还原菌检测中的应用[J]. 微生物学通报,2008,35(8):1273-1277.

3. 张勇. 荧光原位杂交技术检测反应器中微生物实验条件优化的研究[D]. 苏州:苏州科技学院,2008.

4. Gougoulias C, Shaw L J. Evaluation of the environmental specificity of Fluorescence In Situ Hybridization (FISH) using Fluorescence-Activated Cell Sorting (FACS) of probe(PSE1284)-positive cells extracted from rhizosphere soil [J]. Systematic and Applied Microbiology. 2012, 35: 533-540.

5. Llobet-Brossa E, Rosselló-Mora R, Amann R. Microbial community composition of Wadden sea sediments as revealed by fluorescence *in situ* hybridization [J]. Applied and Environmental Microbiology. 1998, 64(7): 2691-2696.

实验2-3 环境微生物活性检测技术

环境微生物活性被广泛应用于评价生态系统的健康程度,评估微生物过程(如污水处理、堆肥等)的反应速率。它与微生物量具有一定的相关性,但两者不是等同的概念。微生物活性主要表示微生物进行新陈代谢活动的强度,其活性水平取决于各种生物、化学和物理因素以及环境营养状况。它作为环境健康的生物学标志,可用来估计各种干扰过程(如人为活动等)对微生物群落的影响,也是生物修复过程的重要指示。从生态学角度来说,微生物活性水平可用于分析微生物在生态系统物质循环中的重要作用。目前,环境微生物活性的表征方法(表 2-3-1)主要有呼吸强度、耗氧速率、放射性标记、ATP 含量分析、酶活性分析等方法,每种方法有其各自的适用范围和优缺点,微生物活性的表征要根据不同的环境样品、不同的实验目的,选用不同的实验方法。其中,酶活性分析法中 FDA 水解酶活性与微生物活性间的相关性较强,而且,操作简单、快速、灵敏度高,已经广泛用于表征各种环境样品,特别是土壤中的微生物活性。

表 2-3-1 环境微生物活性的表征方法

呼吸强度	原理	通过测定环境样品释放 CO_2 的量作为微生物代谢活性的相对水平
	适用范围	该方法反映样品中好氧或厌氧微生物对有机质分解的速度和强度,也可以用来测定微生物对外源基质(如放射性标记的有机污染物)的代谢潜力
	优点	(1) 可以进行野外原位研究 (2) 对放射性标记物的代谢检测灵敏度较高
	缺点	(1) 样品的呼吸强度受样品中微生物的种类、基质、环境条件等因素的影响,因此,样品间的比较应谨慎 (2) 受样品 pH 的影响,CO_2 的产生可能被低估 (3) 测定的 CO_2 除了样品中微生物的呼吸作用,还包括样品中其他生物的呼吸贡献,如原生动物、植物根、水体中的藻类等

续表

耗氧速率	原理	好氧微生物的生命代谢过程需要消耗一定的O_2，通过测定O_2的消耗速率来反映好氧微生物的活性
	适用范围	该方法反映样品中好氧微生物的代谢速率，常用于评估废水处理过程中好氧污泥的活性
	优点	常用呼吸测量仪来测定耗氧速率，测定过程简单快速，在人工控制系统中可实现实时在线监测
	缺点	(1) 目前暂不能进行野外原位实时测量 (2) 样品中微生物可利用基质的种类、浓度以及其他理化因子会对其测定产生一定的影响，因此，样品间的比较应谨慎 (3) 样品中的细菌、真菌、放线菌、藻类、原生动物等生物体均对耗氧速率具有一定的贡献
放射性标记	原理	由于许多异养细菌可以直接吸收环境中的有机化合物(如核苷酸或氨基酸)合成生物功能大分子，通常将^{3}H标记的胸腺嘧啶、^{14}C标记的亮氨酸加入待测样品中，培养一段时间，测定放射性标记物在细胞大分子中的渗入率作为微生物活性的相对水平
	适用范围	主要用来测定异养细菌合成生物大分子的活性
	优点	(1) 放射性标记物掺入细菌细胞的速率较快，培养期较短 (2) 检测灵敏度高
	缺点	并非所有细菌都能吸收外源性的放射性标记物，有些菌对此有排斥作用
ATP含量分析	原理	ATP存在于所有活细胞中，是能量的主要携带者，正常微生物细胞内ATP含量相对稳定，但由于环境条件、生长期等因素的变化，会对微生物的生理活性产生影响，ATP含量会随之发生变化，因此ATP水平可作为微生物活性的表征
	适用范围	广泛应用于废水处理、生物修复等领域，以表征系统中微生物活性生物量及其代谢速度
	优点	操作简单快速，重现性好
	缺点	非微生物ATP、死亡细胞释放的ATP以及样品的其他成分会影响测定结果
脱氢酶分析	原理	微生物细胞脱氢酶属于胞内酶，在有机质分解过程中，作为细胞电子传递体系中催化有机化合物脱氢作用的第一个酶，可以通过测定脱氢酶的活性来表征微生物活性
	适用范围	用于表征所有呼吸微生物对有机质的分解活性

续表

脱氢酶分析	优点	脱氢酶还原无色的四唑盐产生有色且不溶于水的产物沉积在细胞内，可以在显微镜下观察，也可被萃取测定
	缺点	(1) 四唑盐被还原的量除了与脱氢酶活性有关，还受很多实验条件的影响，往往造成实验结果重现性较差，因此，样品间的比较应谨慎 (2) 当样品微生物脱氢酶活性较低或微生物数量较少时，受分光光度计检测限的限制，而无法检测到还原产物
FDA 水解酶分析	原理	荧光素二乙酸酯(FDA)能被微生物分泌的多种酶(包括酯酶、蛋白酶、脂肪酶等)水解，产生黄色的高荧光强度产物——荧光素，因此，可以以荧光素的产生量来表征微生物活性
	适用范围	广泛应用于土壤质量评价中，反映土壤总微生物的活性。在沉积物、活性污泥及其他领域中也有越来越多的应用
	优点	FDA 水解酶活性与微生物活性间的相关性比其他酶活性更显著，而且水解产物稳定性强，测定方法简单、快速，现已被公认为能有效地反映土壤微生物活性的重要指标
	缺点	FDA 水解酶可能来源于细菌、真菌、藻类或高等植物

实验 2-3-1 土壤微生物活性的测定

一、实验目的

(1) 了解环境微生物活性的检测方法。

(2) 掌握 FDA 水解酶分析法测定环境微生物活性的原理及操作步骤。

二、实验原理

FDA 水解酶分析法测定总微生物的活性，是以无色有机化合物荧光素二乙酸酯(fluorescein diacetate, FDA)作为底物，可被微生物分泌的多种酶(包括酯酶、蛋白酶和脂肪酶等)水解，其水解产物为可溶性的荧光素，通过荧光素的产生量来表征微生物活性的强度。由于荧光素是一种亮黄色物质，对 490 nm 的可见光有较强的吸收，可用紫外—可见分光光度计检测；又因为荧光素在 488 nm 激发下可发出 530 nm 的荧光，因此也可用荧光分光光度计检测，其灵敏度较高，尤其适用于微生物浓度或活性较低的样品的检测。由于土壤中的酶类主要来自于土壤微生物，其中 FDA 水解酶活性与微生物活性间的相关性比其他酶活性更显著，因此，利用 FDA 水解酶活性可间接地表示土壤中总微生物的活性，该方法现已被公认为土壤微生物活性的表征方法。

三、实验用品

1. 试剂

(1) FDA 储备液：0.1 g FDA 溶于 100 mL 丙酮中(1 000 μg/mL FDA)，−20℃储存备用。

(2) 荧光素溶液：20 mg 荧光素钠盐溶于 100 mL 磷酸盐缓冲液中(200 μg/mL)。

(3) 终止剂：氯仿/甲醇(2∶1) 混合溶液。

(4) 其他：磷酸盐缓冲液(pH 7.6)、丙酮。

2. 实验器材

紫外-可见分光光度计或荧光分光光度计、离心机、恒温箱、天平、移液枪、土铲、无菌样品瓶、无菌试管、无菌离心管等。

四、操作步骤

1. 样品采集

采集校园中不同地理位置或典型区块的表层土壤样品。应首先除去采样区地面的植被、枯枝落叶等杂物，为避免地面微生物的影响，应铲除表面 1 cm 左右的表土，然后用预先灭菌的取样铲采集土样，剔除石砾、碎片和植物残体，将土样置于无菌样品瓶中带回实验室。

2. 荧光素标准曲线

分别加入 0.25 mL、0.5 mL、0.75 mL、1 mL 和 1.25 mL 荧光素溶液至 50 mL pH 7.6 的磷酸盐缓冲液中，然后加入 2 mL 终止剂。用紫外—可见分光光度计测定 490 nm 下的吸光值或用荧光分光光度计测定样品的荧光强度(激发波长 488 nm，发射波长 530 nm)，以不加荧光素只加终止剂的磷酸盐缓冲液作为对照，得到 0～5 μg/mL 的荧光素标准曲线。

3. 土壤微生物活性测定

称取 1～3 g 新鲜的土壤样品，加入 50 mL 无菌的磷酸盐缓冲液(pH 7.6)，充分振荡，使样品均匀分散。再加入 1 mL 2 mg/mL 的 FDA，混合均匀，置 30℃恒温避光孵育 3 h，然后加入 2 mL 终止剂，终止 FDA 水解。将混合液转移至无菌离心管中，2 000 r/min 离心 3 min。以不加样品、只加 FDA 和终止剂的磷酸盐缓冲液作为对照，于 490 nm 下测定上清液的吸光值(当吸光值高于 0.8 时，样品需要稀释)，或用荧光分光光度计测定上

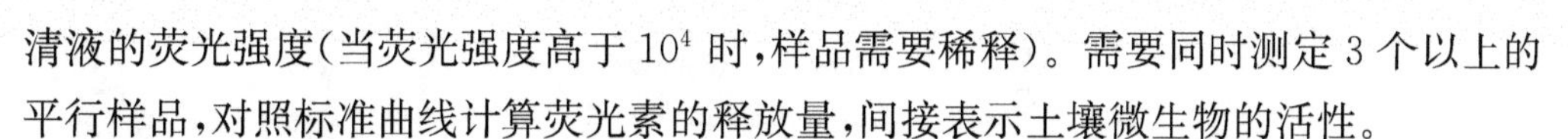

清液的荧光强度(当荧光强度高于 10^4 时,样品需要稀释)。需要同时测定 3 个以上的平行样品,对照标准曲线计算荧光素的释放量,间接表示土壤微生物的活性。

同时,另称取同样重量的土样,置洁净铝盒中,于烘箱中 105℃烘干 8 h,置干燥器中冷却后称量土壤干重。

五、实验报告

1. 实验结果

(1) 请根据实验结果,绘制荧光素标准曲线。

(2) 请将土壤微生物活性的测定及计算结果记录在下表内。

表 2-3-1-1　样品微生物活性结果记录表

样品号	1	2	3
OD_{490} 或荧光强度			
荧光素(μg/mL)			
微生物活性(μg/g)			

2. 思考题

(1) 比较不同取样点微生物活性的差异,并分析产生这种差异的可能原因。

(2) 请分析 FDA 水解酶分析法测定微生物活性的影响因素。

附:荧光分光光度计

某些处于基态的分子,经某种波长的光(一般为短波长光,如紫外光、X 射线等)照射后,分子吸收能量,被激发而跃迁到相应的激发态,然后从较高能级不稳定的激发态释放多余的能量,回到基态。如果电子直接从第一激发单重态的最低能级以辐射的方式跃迁到基态,发射的光称为荧光;若激发态电子弛豫到三重态,再返回基态时发射的光称为磷光(图 2-3-1-1),磷光的发光速率很低,出现的概率也很低。目前,用于研究物质的荧光、磷光或化学发光的常用仪器为荧光分光光度计,可进行物质的定性检测和定量测定,特别适用于低荧光强度样品的分析,与吸光光度法相比,具有较高的灵敏度和准确度(100 倍)。

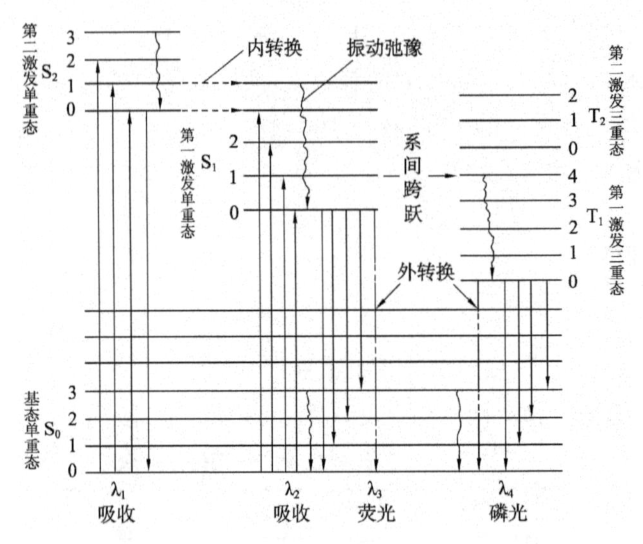

图 2-3-1-1　分子吸收和发射过程的能级图

(引自刘崇华,2010)

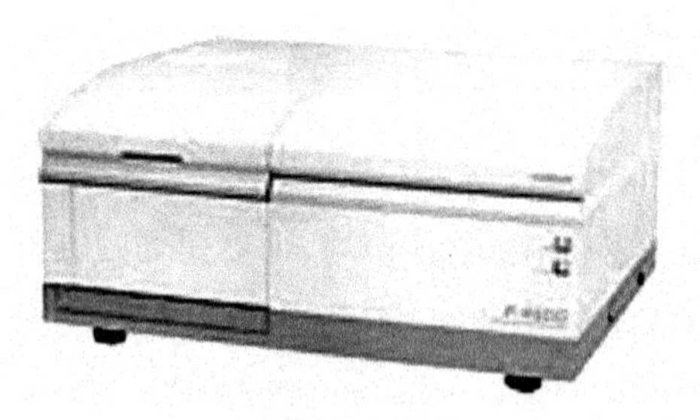

图 2-3-1-2　荧光分光光度计(日立 F-4600)

一、荧光分光光度计的基本结构

荧光分光光度计基本结构主要包括光源、激发单色器(第一单色器)、样品室、发射单色器(第二单色器)和检测器(图 2-3-1-3)。

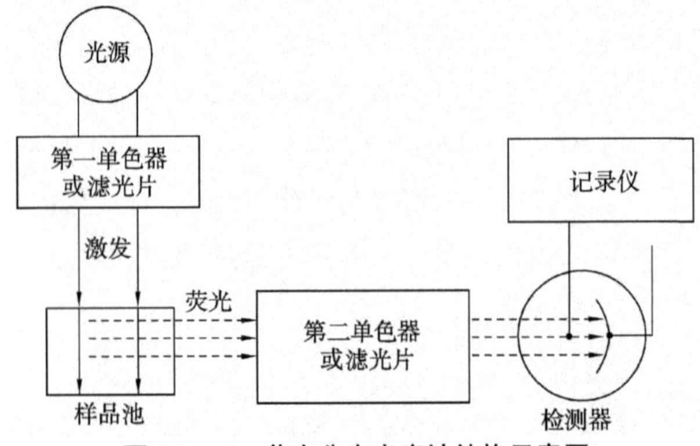

图 2-3-1-3　荧光分光光度计结构示意图

(引自屠一锋等,2011)

1. 光源

荧光分光光度计一般采用高压汞灯或氙灯作为激发光源，由于氙灯在 200～800 nm范围内能发射出强度较大的连续光谱，而且在 300～400 nm范围内强度几乎相等，是较常用的连续光源。

2. 单色器

单色器是用于分离所需的单色光，有激发单色器和发射单色器，一般使用滤光片和光栅达到分离的目的。激发单色器位于光源和样品室之间，又称为第一单色器，能够筛选出所需要的激发光谱，激发波长范围一般为 190～650 nm。发射单色器位于样品室和检测器之间，又称为第二单色器，能够滤去杂散光、拉曼光等，分离出特定的发射光谱，发射波长范围一般为 200～800 nm。单色器上有进、出光狭缝，狭缝宽度增加，信号增强；狭缝宽度减小，分辨率增大。一般狭缝设定和测定的半峰宽相匹配。

3. 样品室和检测器

样品室一般采用四面透光的石英池(液体样品)或固体样品架，一般以光电管、光电倍增管或电荷耦合器件(CCD)收集光信号，并将其转换为电信号。激发光的入射方向与发射光的接收(检测器)方向成直角，以消除样品池中透射光和杂散光的干扰。

二、荧光分光光度计的基本原理

荧光分光光度计是由高压汞灯或氙灯发出的紫外光和蓝紫光经激发单色器后，变为单色光，照射到样品池中的被测样品上，激发其中的荧光物质，使其发出荧光，荧光经过发射单色器后色散成单色光，由检测器将光信号放大并转为电信号，然后以图或数字的形式显示。

三、荧光分光光度法基本操作步骤(以日立 F-4500 为例)

1. 开机

先打开仪器电源，按下氙灯点灯开关，点燃氙灯，接通主开关(MAIN)，再启动电脑，使仪器预热 10～15 min 进行样品测定。

2. 仪器条件设置

打开运行控制软件，建立实验方法，需要设置的仪器参数有：

Measurement(测量方式)选择 Photometry(光度计法)，Quantitation type(测量类型)选择 Wavelength(指定波长)，Calibration type(曲线校正类型)选择一次线性方程，设置 λex(激发波长)、λem(发射波长)、激发单元狭缝(EX Slit)和发射单元狭缝(EM Slit)(1. 0、2. 5、5. 0、10. 0、20. 0)、PMT 电压(从 400 V 到 700 V，可以两位数递

增，从 700 V 到 950 V，可以一位数递增）等参数。

3. 标准曲线

配制一系列浓度梯度的标准溶液，按照由低至高的次序，测定标准溶液的荧光强度，绘制荧光强度 *V-S* 浓度的标准曲线。

根据朗伯-比耳定律，在低浓度溶液中，溶液的荧光强度与荧光物质的浓度呈线性关系，但当浓度较高时，该关系不成立，因此，溶液的浓度范围应适当。

4. 样品荧光强度测定

在与标准曲线相同的测量参数条件下，测量所设定波长处样品的荧光强度，由标准曲线即可求出样品溶液的荧光物质浓度。若样品的荧光强度较高，超出线性范围，应将样品稀释后再测定。

5. 关机

测试结束，保存数据。在软件上关闭氙灯，再关闭电脑，待氙灯冷却后再关闭仪器。

【参考文献】

1. 林先贵. 土壤微生物研究原理与方法[M]. 北京：高等教育出版社，2010.

2. 刘崇华，黄宗平. 光谱分析仪器使用与维护[M]. 北京：化学工业出版社，2010.

3. 马星竹. 长期施肥土壤的 FDA 水解酶活性[J]. 浙江大学学报（农业与生命科学版），2010，36(4)：451-455.

4. 孙立新，蒋展鹏，师绍琪. ATP 法测定有机物好氧生物降解性的研究[J]. 环境科学，1996，17(1)：1-4.

5. 屠一锋，严吉林，龙玉梅，张钱丽. 现代仪器分析[M]. 北京：科学出版社，2011.

6. 张甲耀，宋碧玉，陈兰洲，郑连爽. 环境微生物学[M]. 武汉：武汉大学出版社，2008.

7. Adam G, Duncan H. Development of a sensitive and rapid method for the measurement of total microbial activity using fluorescein diacetate (FDA) in a range of soils [J]. Soil Biology & Biochemistry, 2001, 33: 943-951.

8. Green V S, Stott D E, Diack M. Assay for fluorescein diacetate hydrolytic activity: Optimization for soil samples [J]. Soil Biology & Biochemistry, 2006, 38: 693-701.

9. Schnürer J, Rosswall T. Fluorescein diacetate hydrolysis as a measure of total microbial activity in soil and litter [J]. Applied and Environmental Microbiology. 1982, 43(6):1256-1261.

实验2-4 环境微生物群落多样性分析技术

生物多样性是衡量生态系统稳定和健康的一个重要指标，一般而言，生境条件越适宜，生物群落的多样性越高，稳定性也就越大，因此，生物群落的多样性可以用来衡量生境的优劣。环境微生物群落多样性主要包括物种多样性、功能多样性、结构多样性及遗传多样性等不同层面。以 Biolog、PLFA、微生物醌法、FISH、DGGE 等技术为代表的生理学、生物化学和分子生物学方法被广泛应用于微生物的群落结构研究，为微生物多样性研究开辟了新的途径。

一、物种多样性

物种多样性是指生态系统中微生物物种的丰富度，这是认识微生物多样性的最早方法，也是微生物多样性的最直接表现形式，一直采用传统的培养法，根据微生物的培养特征进行多样性分析。由于传统的培养法只能分离培养出一定条件下的可培养类微生物，据有关研究表明，利用平板培养法测定的土壤微生物类群数量只能占到土壤中实际存在的微生物总数的0.1%～10%，因此，该方法只能分析可培养微生物的相关信息，不能全面了解微生物群落多样性信息，而且通过培养特征分类也存在较大误差。

二、功能多样性

功能多样性是指微生物群落所执行的生态功能，如分解功能等，功能多样性信息对于研究不同环境或生态系统中微生物群落的作用具有重要意义。目前，研究微生物功能多样性的方法有 Biolog 分析法和基于微生物功能基因组学的研究方法。其中，Biolog分析法使用较广泛，可以简单而快速反映微生物群落活性水平以及微生物群落功能多样性，而基于微生物功能基因组学的研究正处于起步阶段。

三、结构多样性

结构多样性是指微生物群落在细胞生化组分上的多样化，细胞结构的不同是造成微生物细胞代谢方式和生理功能多样化的直接原因。生物标记物是微生物细胞的重要组分，而且其含量在正常条件下相对稳定，特定的生物标记物在特定的微生物类群中具有一定的组成模式(种类、数量和相对比例),因此可利用一些生物标记物的组成特征来分析微生物群落的结构特征。常用于研究微生物群落结构的生物标记物方法有醌指纹法(Quinones Profiling)和脂肪酸谱图法(PLFAs 和 WCFA-FAMEs)。

四、遗传多样性

遗传多样性是指微生物群落在基因水平上的多样性,这是微生物多样性的本质和最终反映。目前,微生物群落遗传多样性研究主要采用 FISH、DGGE、TGGE、RFLP 等技术为代表的基于分子生物学的分析方法。

实验 2-4-1　土壤微生物群落的功能多样性分析(Biolog 分析法)

微生物是生态系统的重要组成部分,其结构和功能会随着环境条件的改变而改变,并通过群落代谢功能的变化对生态系统产生一定的影响,因此微生物功能多样性信息对于了解生态系统中微生物群落的作用及其生态系统的功能具有重要意义。Biolog法是目前已知的研究微生物代谢功能多样性的重要方法,其应用已经涉及土壤、水、污泥等各种不同的环境,目前研究最为广泛、深入的是土壤环境微生物群落的功能多样性。虽然 Biolog 法也是基于培养的分析方法,但不可培养的细胞对底物供应也有响应,因此,Biolog 方法不仅能够得到代谢功能多样性信息,而且能够得到微生物群落总体活性的相关信息,这是基于生物标志物和分子生物学的方法所不可比拟的。

一、实验目的

(1) 掌握 Biolog 法的实验原理和 ECO 板分析微生物群落功能多样性的基本操作过程。

(2) 了解不同生境中土壤微生物群落的功能多样性。

二、实验原理

Biolog 法由美国 BIOLOG 公司于 1989 年开发成功,于 1991 年开始应用于土壤微生物群落功能多样性研究。Biolog 法是通过微生物对微平板上不同单一碳源的利用能力来反映微生物群落的功能多样性。微生物群落功能多样性分析中所用到的微平板主要有革兰氏阴性板(GN)、生态板(ECO)、丝状菌板(FF)、酵母菌板(YT)、SF-N2、SF-P2 和可针对具体研究情况自配底物的 MT 板等。其中 GN、ECO 和 MT 板的原理是,当微生物接种到含有不同单一碳源的微平板上时,在利用碳源过程中产

生自由电子，与微平板上的噻唑蓝(MTT)染料发生还原反应而显蓝紫色，颜色的深浅可以反映微生物对碳源的利用程度，从而比较分析不同的微生物群落。由于许多真菌代谢不能使噻唑蓝染料还原而显色，所以，GN、ECO 和 MT 板不能反映真菌的变化。FF 板含有碘硝基四氮唑紫(INT)染料，作为电子受体，丝状真菌利用相应的碳源进行代谢，会发生下列一种或两种变化：一是线粒体呼吸增强，使得该孔呈现红紫色；二是真菌生长速度较快，使该孔浊度增加，因此，可利用微平板孔中的颜色和浊度变化来评价真菌的活动。YT 板 A-C 行含有噻唑蓝染料，D-H 行无染料，因此，可通过颜色反应和浊度变化分别表示代谢作用和同化作用。SFN2 和 SFP2 微孔板不含有染料，通过孔中浊度变化来评价革兰氏阴性或阳性产芽孢或分生孢子微生物的活动。

目前，在微生物群落功能多样性研究中应用较多的是 ECO 板，Biolog ECO 微平板上有 96 个微孔，其中包含 31 种碳源和水空白，每种底物有 3 个重复(表 2-4-1-1)。碳源主要分为 6 类：氨基酸类、羧酸类、胺类、糖类、聚合物类和其他，也有根据研究目的不同，将 31 种碳源分为 4 大类，即糖类及其衍生物、氨基酸类及其衍生物、脂肪酸及脂类、代谢中间产物及次生代谢物。本实验采用 Biolog ECO 微平板法分析不同生境土壤中微生物群落的代谢功能多样性。

三、实验用品

1. 试剂

(1) 吐温-80(Tween-80)工作液：将一定量的吐温-80 溶于蒸馏水中，制备成 0.05%的工作液，高压灭菌后备用。

(2) 生理盐水：0.85%～0.90%的 NaCl 溶液。

2. 实验器材

Biolog 自动读数仪、恒温培养箱、振荡器、ECO 微平板、无菌取样铲、无菌样品瓶、天平、无菌锥形瓶、(单道、多道)移液器、无菌试管等。

四、操作步骤

1. 样品采集

根据实验目的，按照相关方法分别采集农田、绿化带、光板地等不同生境下的土壤样品。

2. 菌悬液的制备

取一定量的新鲜土壤样品(约 10 g)加入适量的无菌生理盐水(100～200 mL)，再加入 1%的吐温 80 工作液，充分振荡 15 min，使土样均匀分散，静置 1 min，使较大颗粒自然沉降，上层悬浊液即为菌悬液，并进行 10 倍系列梯度稀释。

表 2-4-1-1　Biolog ECO 微平板碳源种类

A1 水	A2 β-甲基-*D*- 葡萄糖苷	A3 *D*-半乳糖酸 γ-内酯	A4 *L*-精氨酸	A1 水	A2 β-甲基-*D*- 葡萄糖苷	A3 *D*-半乳糖酸 γ-内酯	A4 *L*-精氨酸	A1 水	A2 β-甲基-*D*- 葡萄糖苷	A3 *D*-半乳糖酸 γ-内酯	A4 *L*-精氨酸
B1 丙酮酸 甲酯	B2 *D*-木糖/ 戊醛糖	B3 *D*-半乳 糖醛酸	B4 *L*-天门 冬酰胺	B1 丙酮酸 甲酯	B2 *D*-木糖/ 戊醛糖	B3 *D*-半乳糖 醛酸	B4 *L*-天门 冬酰胺	B1 丙酮酸 甲酯	B2 *D*-木糖/ 戊醛糖	B3 *D*-半乳糖 醛酸	B4 *L*-天门 冬酰胺
C1 吐温 40	C2 i-赤藓糖醇	C3 2-羟基 苯甲酸	C4 *L*-苯丙氨酸	C1 吐温 40	C2 i-赤藓糖醇	C3 2-羟基 苯甲酸	C4 *L*-苯丙氨酸	C1 吐温 40	C2 i-赤藓糖醇	C3 2-羟基 苯甲酸	C4 *L*-苯丙氨酸
D1 吐温 80	D2 *D*-甘露醇	D3 4-羟基 苯甲酸	D4 *L*-丝氨酸	D1 吐温 80	D2 *D*-甘露醇	D3 4-羟基 苯甲酸	D4 *L*-丝氨酸	D1 吐温 80	D2 *D*-甘露醇	D3 4-羟基 苯甲酸	D4 *L*-丝氨酸
E1 α-环式糊精	E2 *N*-乙酰-*D* 葡萄糖氨	E3 γ-羟丁酸	E4 *L*-苏氨酸	E1 α-环式糊精	E2 *N*-乙酰-*D* 葡萄糖氨	E3 γ-羟丁酸	E4 *L*-苏氨酸	E1 α-环式糊精	E2 *N*-乙酰-*D* 葡萄糖氨	E3 γ-羟丁酸	E4 *L*-苏氨酸
F1 肝糖	F2 *D*-葡糖胺酸	F3 衣康酸	F4 甘氨酰-*L*- 谷氨酸	F1 肝糖	F2 *D*-葡糖胺酸	F3 衣康酸	F4 甘氨酰-*L*- 谷氨酸	F1 肝糖	F2 *D*-葡糖胺酸	F3 衣康酸	F4 甘氨酰-*L*- 谷氨酸
G1 *D*-纤维二糖	G2 1-磷酸 葡萄糖	G3 α-丁酮酸	G4 苯乙胺	G1 *D*-纤维二糖	G2 1-磷酸 葡萄糖	G3 α-丁酮酸	G4 苯乙胺	G1 *D*-纤维二糖	G2 1-磷酸 葡萄糖	G3 α-丁酮酸	G4 苯乙胺
H1 α-*D*-乳糖	H2 *D*,*L*-α- 磷酸甘油	H3 *D*-苹果酸	H4 腐胺	H1 α-*D*-乳糖	H2 *D*,*L*-α- 磷酸甘油	H3 *D*-苹果酸	H4 腐胺	H1 α-*D*-乳糖	H2 *D*,*L*-α- 磷酸甘油	H3 *D*-苹果酸	H4 腐胺

3. ECO 微平板的接种

将 ECO 微平板从冰箱中取出，预热到 28℃。根据预实验选取适宜稀释度的稀释液接种到 ECO 板中，每孔接种 150 μL。

4. ECO 微平板培养和检测

将接种的 ECO 微平板在 28℃(通常细菌培养在 26℃～37℃，根据具体情况而定)下培养一周，分别于接种的 0 时刻和每隔一定时间(通常为 24 h)，用 Biolog 自动读数仪在 590 nm 下读取每个反应孔的吸光值来表征颜色变化，通常需要连续读取 7～10 d内的吸光度值。

另外，为排除真菌生长造成的浊度变化对吸光值产生的影响，可以以 590 nm 和 750 nm(浊度值)下吸光值的差值来表征颜色变化。

5. 数据分析

对于小组的单个样品来说，绘制平均颜色变化率(AWCD)随时间的变化曲线，并可进行多样性指数计算。对于小组间一系列相关样品，可以应用统计分析软件(如 SPSS 等)进行主成分分析、聚类分析、多样性指数比较等，从而了解微生物群落代谢功能多样性的差异或变化。

(1) 平均颜色变化率(*AWCD*)

土壤微生物对碳源的利用情况用平均颜色变化率(average well color development, *AWCD*)表示。*AWCD* 是反映土壤微生物活性，即利用单一碳源能力的一个重要指标。绘制样品的 *AWCD* 值随时间的变化曲线，可以用来表示样品中微生物的平均活性变化，体现微生物群落反应速度和最终达到的程度。

某一时刻 *AWCD* 值的计算公式为：

$$AWCD=\frac{\sum_{i=1}^{31}(C_i-C_0)}{31}$$

式中：C_i——单一碳源反应孔在 590 nm 下的吸光值；

C_0——ECO 微平板对照孔的吸光值；

若 C_i-C_0 小于 0 的孔，计算中按 0 处理，即 $C_i-C_0\geqslant 0$。

(2) 多样性指数

Biolog 研究中常见的多样性指数较多，各种多样性指数能够从不同侧面反映微生物群落代谢功能的多样性，评价土壤生态功能的健康及稳定程度。本实验以如下两个多样性指数分析不同生境的生态稳定性。

① 多样性 Shannon 指数(H')

多样性 Shannon 指数(H')表示微生物群落的丰富度和均匀度。微生物种类数目越多，多样性也就越高；微生物种类分布的均匀性增加，多样性也会提高。计算公式如下：

$$H' = -\sum P_i \times \ln P_i$$

式中，$P_i = (C_i - C_0) / \sum (C_i - C_0)$，表示含有单一碳源的孔与对照孔吸光值之差与整个微平板总差的比值。

② 优势度 Simpson 指数(D)

优势度指数用来估算微生物群落中各微生物种类的优势度，反映了不同种类微生物数量的变化情况。优势度指数越大，表明微生物群落内不同种类微生物数量分布越不均匀，优势微生物的生态功能越突出。计算公式如下：

$$D = 1 - \sum (P_i)^2$$

(3) 主成分分析

对相关样品所得的一系列数据利用统计分析软件，如 SPSS 等，进行主成分分析，在同一图中用点的位置直观地反映出不同微生物群落的代谢特征，由此可分析微生物群落结构产生分异的主要环境因素。

为了减少初始接种密度对微生物群落多样性产生的影响，便于进行不同样本间的比较，在进行主成分分析前需先对 Biolog 数据进行标准化。数据标准化的方法为：用每一个底物某一时刻的吸光度值与对照孔的差值除以该时刻板的 $AWCD_i$ 值，即为光密度标准化值(R_{si})，以 R_{si} 值对所有相关数据进行标准化转换：

$$R_{si} = (C_i - C_0) / AWCD_i$$

式中：C_i——单一碳源反应孔在 590 nm 下的吸光值；

C_0——ECO 微平板对照孔的吸光值；

若 $C_i - C_0$ 小于 0 的孔，计算中按 0 处理，即 $C_i - C_0 \geqslant 0$。

另外，通常选取 72 h 的测定数据进行 ECO 板的主成分分析，因为 72 h 后的微生物生长主要表现为真菌的增长。

(4) 聚类分析

对于相关样品所得的一系列数据利用统计分析软件，如 SPSS 等，进行聚类分析，进一步了解不同生境微生物群落功能结构的相似性。

五、实验报告

1. 实验结果

(1) 根据 590 nm 下测定的吸光值。计算并绘制样品的 $AWCD$ 值随时间变化的曲线。

(2) 计算样品的 Shannon 指数和 Simpson 指数。

2. 思考题

(1) 通过比较小组间样品的多样性指数的差异，分析不同生境微生物生态功能的健康及稳定性。

(2) 通过比较小组间样品的微生物代谢功能多样性信息，分析不同生境样品中微生物群落的生态功能及造成微生物功能多样性差异的主要原因。

附：Biolog 自动读数仪(Microstation)

一、微生物群落结构分析操作步骤

(1) 开启读数仪(使用之前最好预热 30 min)，打开电脑和 Biolog 软件。

(2) 选择 Set up 菜单，进入 Input/output 页面。

(3) 在 Input 页面，"Data Input Mode"选择"Reader"，"Read Type"选择"bio-Tek"，"Com Port"为"1"(选择相应接口)，点击"Inieialize Reader"对读数仪初始化，成功后"Reader Ready"变成绿色。

(4) 在"Output"页面，Automatic printout 选择 No，"Write Data To Data File"选择 YES，点击"Output Data File Name"，选择数据要保存的位置，并点击"Save"可以将结果保存在硬盘里，也可以点击"Print"直接打印结果。

(5) 在"Database"菜单中，"Database To Search"选择"Microlog"。

(6) 设置好各项参数，擦干净培养好的生态板底部，放入读数仪，A-1 孔位于左上方；点击 Data，选择 Plate Type：ECO，并选择 Incubation Time。

(7) 点击"Read This"进行读数。

(8) 利用 Data Filet 对数据格式进行转化。

(9) 点击 Exit，退出软件。

图 2-4-1-1 Biolog 自动读数仪(Microstation)

【参考文献】

1. 车玉伶，王慧，胡洪营，梁威，郭玉凤. 微生物群落结构和多样性解析技术研究进展[J]. 生态环境，2005，14(1)：127-133.

2. 陈承利，廖敏，曾路生. 污染土壤微生物群落结构多样性及功能多样性测定方法[J]. 生态学报，2006，26(10)：3404-3412.

3. 林先贵. 土壤微生物研究原理与方法[M]. 北京：高等教育出版社，2010.

4. 田雅楠，王红旗. Biolog 法在环境微生物功能多样性研究中的应用[J]. 环境科学与技术，2011，34(3)：50-57.

5. Classen A T, Boyle S I, Haskins K E, Overby S T, Hart S C Community level physiological profiles of bacteria and fungi: plate type and incubation temperature influences on contrasting soils [J]. FEMS Microbiology Ecology, 2003, 44: 319-328.

6. Garland J L, Lehman R M. Dilution/extinction of community phenotypic characters to estimate relative structural diversity in mixed communities [J]. FEMS Microbiology Ecology, 1999, 30: 333-343.

实验 2-4-2 土壤微生物群落的遗传多样性分析（DGGE 分析法）

微生物的遗传多样性就是指基因的多样性，即碱基数量和排列顺序的多样性，遗传多样性表示微生物群落内部或不同群落之间遗传结构的变异，从而造成其生态功能的差异。目前，微生物遗传多样性分析技术有变性梯度凝胶电泳（DGGE）、温度梯度凝胶电泳（TGGE）、单链构象多态性（SSCP）、限制性片段长度多态性（RFLP）等，其中，最常用的分析技术是变性梯度凝胶电泳（DGGE），该技术由 Muyzer 等人于 1993 年首次应用于土壤微生物生态学的研究，近年来，已经被广泛应用于微生物生态学研究的各个领域。

一、实验目的

（1）掌握 DGGE 法分析微生物群落遗传多样性的实验原理和基本操作过程。

（2）了解不同生境中土壤微生物群落的遗传多样性。

二、实验原理

DGGE 技术是基于 PCR 的分析方法，用于分离碱基对数目相近但排列方式不同的双链 DNA 片段。使用该技术进行微生物多样性分析时，通过对 16S rRNA（原核生物）或 18S rRNA（真核生物）中的基因进行 PCR 扩增，得到大小相同但序列不同的 DNA 片段。当扩增的双链 DNA 分子在含有一定浓度梯度变性剂（尿素和甲酰胺）的聚丙烯酰胺凝胶中进行电泳时，由于 G、C 碱基对对变性剂的耐受性要高于 A、T 碱基对，因此，大小相同但碱基组成不同的双链 DNA 分子解链所需的变性剂浓度不同，当 DNA 分子电泳迁移到解链浓度时，则发生变性解链行为，随着变性剂浓度的不断增加，解链程度逐渐增加，迁移阻力也随之增加。当迁移阻力与电场力平衡时，DNA 分子则停止电泳，停留在特定变性剂浓度的凝胶中，从而使碱基序列不同但大小相同的双链 DNA 分子在变性凝胶中形成不同的电泳谱带。根据变性剂浓度梯度的方向与电泳方向是否一致，DGGE 可分为两种形式，即垂直 DGGE 和平行 DGGE，垂直 DGGE 变性剂的浓度梯度与电场方向垂直，变性剂浓度梯度范围较宽，常用于最佳变性剂梯度范围的选择；平行 DGGE 变性剂的浓度梯度和电场方向平行，变性剂浓度梯度范围较窄，主要用于解链范围明确的 DNA 片段的检测分析。

为了取得更好的分离效果，通常在引物的 5′端设计上一个富含 GC 的碱基序列，称为“GC夹板”(GC-Clamp),大小一般为30～50 bp,形成一个人工高温解链区,从而使双链DNA分子在一定浓度的变性剂凝胶中解链但不分离,使该技术的灵敏度大大提高。通过对电泳条带的数量和丰度分析,获得微生物优势类群的数量、相对构成比例等多样性信息。但是,DGGE技术同其他分子生物学技术一样,也有其自身的缺陷。研究发现,由于共迁移现象,可能使样品中一些DNA片段不能分离;而且对于复杂的微生物区系来说,只能检测到数量上高于1%的优势菌群;另外,还有实验所受影响因素较多等缺陷。尽管如此,该方法仍然不失为环境微生物种群动态研究的有力工具。

三、实验用品

1. 试剂

(1) DNA抽提缓冲液:100 mmol/L Tris-HCl,pH 8.0;100 mmol/L EDTA,pH 8.0;100 mmol/ L磷酸钠缓冲液,pH 8.0;1.5 mol/L NaCl;1% CTAB。

(2) 40%的丙烯酰胺储备液:38.93 g丙烯酰胺,1.07 g N′,N′-亚甲基-双丙烯酰胺,加去离子水至100 mL,过滤后避光保存。

(3) 10%的过硫酸铵:0.1 g过硫酸铵溶于1 mL去离子水中。现用现配。

(4) 50×TAE缓冲液:242 g Tris Base,57.1 mL冰乙酸,100 mL 0.5 mol/L EDTA(pH 8.0),加去离子水至100 mL,高压灭菌后备用。

(5) 蛋白酶K(10 mg/mL):将50 mg的蛋白酶K溶于50 mL去离子水中。

(6) 8%的丙烯酰胺凝胶溶液:

表2-4-2-1　8%的丙烯酰胺凝胶液的成分

试剂	变性剂浓度	
	45%	65%
40%的丙烯酰胺储备液(mL)	20	20
50×TAE缓冲液(mL)	2	2
去离子甲酰胺(mL)	18	26
尿素(g)	18.9	27.3
加去离子水至(mL)	100	100

(7) 染色液:50 μL 10 mg/mL的溴化乙啶,20 mL 50×TAE缓冲液,加去离子水至1 000 mL。

(8) N,N,N,N′-四甲基乙二胺(TEMED)。

(9) 其他试剂见琼脂糖凝胶电泳分析实验。

2. 实验器材

PCR仪、电泳装置、凝胶成像系统、高速冷冻离心机、微量移液器等。

四、操作步骤

1. 总DNA的提取

根据相关实验方法，分别采集农田、绿化带、光板地等不同生境的土壤样品，提取样品的总DNA。目前已报道的土壤样品总DNA的提取方法很多，有手工法和试剂盒法两大类。现有商品化的土壤DNA提取试剂盒，如FastDNA®、UltraClean®、PowerSoil®等，在研究中逐渐得到越来越广泛的应用，使DNA的提取便捷、快速，而且纯度较高。而手工法针对具体土壤性质和研究目的的不同，也有不同的提取程序，为了便于了解土壤总DNA的提取过程，下面介绍一种手工提取法。

(1) 称取5 g土壤样品，加13.5 mL DNA抽提缓冲液和100 μL蛋白酶K，振荡30 min。

(2) 加1.5 mL 20% SDS，65℃水浴2 h，期间，每隔15 min轻轻摇动一下。

(3) 4 500 r/min离心10 min，收集上清液。

(4) 再向沉淀中加入4.5 mL DNA抽提缓冲液和0.5 mL 20% SDS，摇匀，65℃水浴10 min，离心后收集上清液。再重复一次这一步骤，合并3次收集的上清液，混匀。

(5) 向上清液中加入等体积的酚/氯仿/异戊醇混合液，混匀，12 000 r/min离心5 min，收集上层水相。

(6) 再向水相中加入等体积的氯仿/异戊醇混合液，混匀后，再次离心，收集水相。

(7) 向水相中加入0.6倍体积的异丙醇，置室温条件下1 h。12 000 r/ min离心20 min，弃上清。

(8) 再用70%乙醇洗涤沉淀，待乙醇完全挥发后，将沉淀溶于500 μL pH 8.0的TE缓冲液。

2. 16*S* rDNA片段的PCR扩增

(1) 引物

PCR扩增采用大多数细菌和古细菌的16S rRNA基因V3区特异性引物F338GC和R518，它们的序列分别为：

F338GC：5′-CGCCC GCCGC GCGCG GCGGG CGGGG CGGGG GCACG GGGGG ACTCC TACGG GAGGC AGCAG-3′

R518：5′-ATT ACC GCG GCT GCT GG-3′

(2) 扩增反应体系

表 2-4-2-2 PCR 反应体系

反应物	加入量(μL)
10×PCR buffer	5
dNTP(25 mmol/L)	1.5
引物(25 pmol/μL)	各 1.5
Taq DNA 聚合酶(5 U/μL)	0.5
模板 DNA	1
加双或三蒸水至	50

(3) 扩增反应参数

94℃预变性 5 min,进入 PCR 循环阶段,94℃ 1 min,50℃ 1 min,72℃ 40 s,35 个循环,最后 72℃延伸 10 min。

(4) PCR 产物检测

取 PCR 反应产物,用 1%的琼脂糖凝胶电泳检测,估测 PCR 扩增产物浓度和 DNA 片段的相对分子质量(详见实验:琼脂糖凝胶电泳分析)。

3. 变性梯度凝胶电泳

(1) 取洁净的大小两块玻璃板,在两块板的左右边缘处夹上隔板,用制胶甲板固定,垂直固定在制胶架上的海绵垫片(让小玻璃一面朝外)。

(2) 两支试管中分别加入 15 mL 45%和 65%的变性剂溶液(含 8%的丙烯酰胺),再向两试管分别加入 15 μL TEMED 和 150 μL 10%的过硫酸铵溶液,加盖后颠倒混匀。

(3) 两根长的聚乙烯管分别与两个注射器相连,并装好配件。将两种变性剂混合液分别加入两个注射器中。

(4) 调整梯度灌胶器,该实验使用 16 cm×16 cm×1 mm 的胶板,因此将刻度调整到 14.5 cm 处。

(5) 将注射器固定在梯度灌胶器的正确位置,并与"Y"形三通连接好,再在"Y"形三通另一端连上一根短的聚乙烯细管,用夹子固定在玻璃夹缝中间,便于灌胶。

(6) 匀速地平稳旋转梯度轮,使混合溶液缓慢注入玻璃夹缝中,用 8～10 min 完成整个注胶过程。插好梳子,待丙烯酰胺溶液聚合。

注意:

丙烯酰胺是一种特殊的累积性神经毒素,避免吸入或皮肤接触。聚丙烯酰胺是由丙烯酰胺和交联剂 N′, N′-亚甲基-双丙烯酰胺在引发剂(过硫酸铵)和增速剂(TEMED)作用下,发生聚合和交联作用形成凝胶。由于丙烯酰胺的聚合受空气中氧的抑制,所以在双层玻璃板夹层中制胶可以避免空气氧对聚合的抑制作用。

(7) 向电泳槽中加入 1×TAE 电泳缓冲液至 RUN 刻度。

(8) 拔去梳子，将制胶板固定在电泳仪中，使缓冲液高度刚刚没过胶上的加样孔。

(9) 接通电源，打开循环泵及加热器，预热缓冲液至 60℃。

(10) 扩增产物与上样缓冲液以 6∶1 的比例混合均匀，取 20 μL 混合液，点入上样孔。

(11) 加盖，60℃下，20 V 预电泳 10 min，再在 150 V 电泳 10 h。

(12) 电泳结束，从制胶板中取出电泳胶，在 0.5 μg/mL EB 染色液中染色 15～30 min，再将凝胶用去离子水冲洗 2 次，每次约 10 min。

4. 电泳结果分析

采用凝胶成像系统采集图像，并使用 Quantity One 软件分析电泳图谱，进行条带定量、相对丰度、多样性指数计算等信息分析，描述不同样品间微生物群落多样性的差异。

五、实验报告

1. 实验结果

(1) 你的 DGGE 电泳图谱如何，存在什么问题？分析产生问题的可能原因。

(2) 请详细描述不同样品间细菌群落多样性的差异，并分析这种差异产生的原因。

2. 思考题

你认为以 PCR-DGGE 技术分析环境样品中微生物群落的遗传多样性存在哪些优缺点？

【参考文献】

1. 鲍新宇，杨剑，高新艳，周勤飞，王永才. DGGE 技术的原理及其在动物胃肠道微生态系统研究中的应用[J]. 畜牧与饲料科学，2011，32(11)：25-26.

2. 李振高，骆永明，滕应. 土壤与环境微生物研究法[M]. 北京：科学出版社，2010.

3. 林先贵. 土壤微生物研究原理与方法[M]. 北京：高等教育出版社，2010.

4. 宋培勇. 从土壤中提取 DNA 方法比较[J]. 微生物学杂志，2006，26(1)：109-112.

5. Holben W E, Feris K P, Kettunen A, Apajalahti J H A. GC fractionation enhances microbial community diversity assessment and detection of minority populations of bacteria by denaturing gradient gel electrophoresis [J]. Applied and Environmental Microbiology. 2004, 70(4): 2263-2270.

6. Omar N, Ampe F. Microbial community dynamics during production of the mexican fermented maize dough pozol [J]. Applied and Environmental Microbiology. 2000, 66(9): 3664-3673.

7. Zhou J, Bruns M A, Tiedje J M. DNA recovery from soils of diverse composition [J]. Applied and Environmental Microbiology. 1996, 62(2): 316-322.

实验2-5 微生物的固定化技术

随着环境污染的日益严重，高效的污染物修复处理技术与方法的研究日益迫切，现有的环境污染物处理方法有物理法、化学法和生物法三大类，与物理化学方法相比，生物修复技术被认为是环境友好的清洁技术，是实现生态环境可持续发展的最有效措施。其中微生物修复技术是生物修复的核心技术，传统意义上的微生物修复是利用土壤或水体中的土著微生物或向污染土壤或水体中投加经驯化的高效污染物降解微生物，并创造适宜的环境条件，通过微生物的代谢活动将污染物降解为无害的无机物质。一般来说，微生物修复所需成本低，不产生二次污染，操作简便，处理效果好。

但是，传统的微生物污染修复技术尚存一定缺陷，如添加的外源菌对污染环境的适应能力差、与土著菌竞争力弱、存活率低、繁殖速度慢，还可能受到其他生物的捕食作用，从而影响外源菌的定殖以及对污染物的降解，微生物固定化技术的发展为这一问题的解决提供了有效途径。固定化微生物技术是用化学的或者物理的方法将游离微生物限制或定位在某一特定空间范围内，保留其固有的活性，在适宜条件下还可以增殖，保持菌种的密度。适宜的载体为微生物的生存和繁殖提供有利的微环境，保护微生物免受其他生物的捕食，减少与土著菌的竞争，从而更好地实现对污染物的转化和修复。固定化微生物的制备方式是多种多样的，一般根据固定化载体材料与作用方式的不同，大致可分为吸附法、包埋法和交联法 3 大类(表 2-5-1)。

表 2-5-1 微生物固定化方法

吸附法 （载体结合法）	常用载体材料	活性炭、多孔陶瓷、多孔性岩石、硅藻土、农副产品的有机纤维材料等
	固定化原理	通过物理吸附或离子结合，将微生物固定在生化稳定性载体材料上
	优点	操作简单，反应条件温和，微生物细胞活性损失小
	缺点	(1) 所能固定的细胞数量有限 (2) 细胞和载体结合不牢易脱落 (3) 需较长时间完成固定化过程

续表

包埋法	常用载体材料	天然多糖：琼脂、明胶、角叉莱胶、海藻酸钠等 合成高分子材料：聚乙烯醇、聚丙烯酰铵、光硬化树脂等
	固定化原理	将微生物限制在高分子载体材料所形成的聚合物网络中
	优点	(1) 操作简便，反应条件温和，对细胞活性影响小 (2) 细胞不易流失 (3) 细胞量易于控制
	缺点	包埋材料一定程度上会阻碍底物和氧扩散，不适于大分子底物系统
交联法	常用交联剂	戊二醛、聚乙烯亚胺等
	固定化原理	通过絮凝作用或交联剂使微生物细胞相互连接在一起
	优点	(1) 细胞密度较高 (2) 可选用的交联剂较多
	缺点	操作复杂，细胞活性损失较大

在环境污染治理中，微生物固定化技术首先应用于处理工业废水和分解难生物降解的有机污染物，由于这种技术独特的优点，在环境生物修复中受到越来越广泛的重视，在土壤、地表水等环境的修复治理中也逐渐显示出更大的潜力。其中吸附法较为简单，但细胞易于脱落；交联法操作复杂，对细胞活性影响也较大；而包埋法简单易行，应用广泛，为很多研究者所采用。常用的包埋载体材料有人工合成高分子材料和天然高分子材料，其中，人工合成高分子材料不易降解，可回收，比较适合水体污染治理，这方面的研究已经比较成熟；而天然高分子材料易降解，比较适合土壤污染的修复。本实验利用包埋固定化技术，以海藻酸钠作为固定化载体，制备固定化微生物。

实验 2-5-1　海藻酸钠包埋法固定枯草芽孢杆菌

一、实验目的

(1) 了解微生物细胞固定化的方法和原理。

(2) 掌握海藻酸钠包埋固定化技术。

二、实验原理

由于包埋固定化的独特优势，在环境修复中的应用较普遍，该实验采用天然多糖——海藻酸钠作为固定化载体，固定枯草芽孢杆菌。海藻酸钠是一种从褐藻中提取的天然多糖，是由1，4-β-D-甘露糖醛酸和1，4-α-L-古罗糖醛酸组成的线性无支链共聚物，在二价阳离子（如Ca^{2+}）存在的情况下，两条相邻的聚合链上的两个古罗糖醛酸基团的羧基与二价阳离子进行交联反应，形成具网状凝胶结构的水不溶性海藻酸钙包埋小球。该小球外部有一层较薄的外壳（图2-5-1-1），可以有效防止包埋菌体的外流。内部呈片层交错的网状结构，充满相互连接贯通的大大小小的孔道（图2-5-1-2），这种多孔结构有利于菌体的固定和增殖，并保持一定的通透性，便于氧气和基质的传递。整个包埋反应过程温和，对细胞造成的损伤较低，易于保持微生物活性。

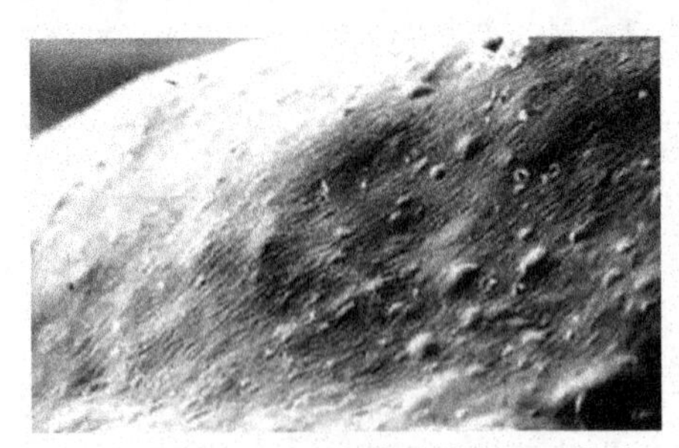

图2-5-1-1 海藻酸钠包埋颗粒的外表面结构（SEM，×1850）

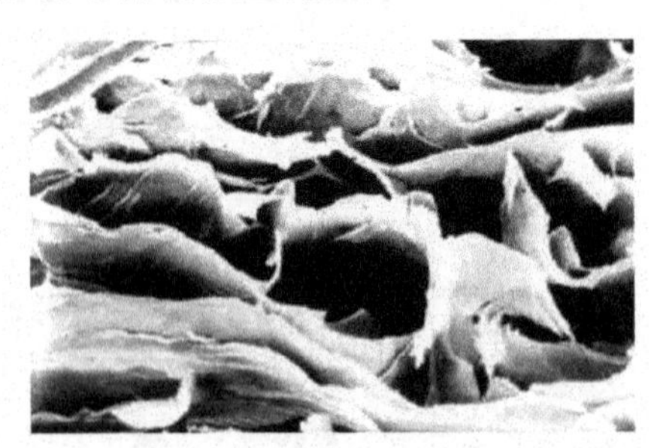

图2-5-1-2 海藻酸钠包埋颗粒的内部结构（SEM，×4500）

（引自翟晓萌等，2000年）

三、实验用品

1. 菌株

枯草芽孢杆菌（*Bacillus subtilis*）。

2. 培养基

牛肉膏蛋白胨培养基。

3. 试剂

海藻酸钠、硅藻土、$CaCl_2$等。

4. 实验器材

恒温振荡培养箱、灭菌锅、离心机、注射器、磁性搅拌器、冰箱、移液器、无菌离心管、烧杯等。

5. 其他

生理盐水：0.85%～0.90%的NaCl溶液，121℃高压灭菌15 min后备用。

四、操作步骤

1. 菌悬液的制备

将枯草芽孢杆菌在牛肉膏蛋白胨培养基中振荡培养至指数生长期，4 500 r/min

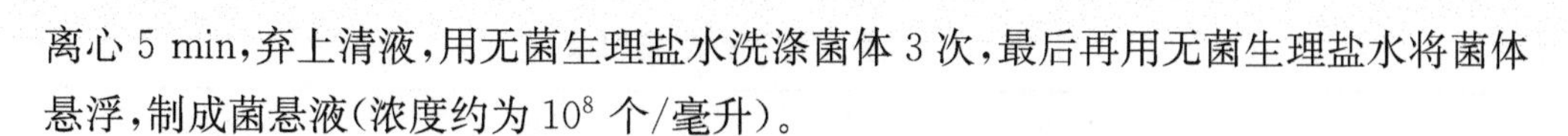

离心 5 min，弃上清液，用无菌生理盐水洗涤菌体 3 次，最后再用无菌生理盐水将菌体悬浮，制成菌悬液（浓度约为 10^8 个/毫升）。

2. 固定化微生物的制备

配制 4%的海藻酸钠溶液，115℃高压灭菌 20 min，按 1∶1 的比例与制备好的菌悬液混合均匀，用注射器缓慢匀速滴入不断搅拌着的 2% $CaCl_2$ 溶液（无菌）中，制备出直径 4 mm 左右的固定化颗粒（图 2-5-1-3），4℃下静置固定 18～20 h，无菌蒸馏水洗涤 2～3 次，4℃保存备用。

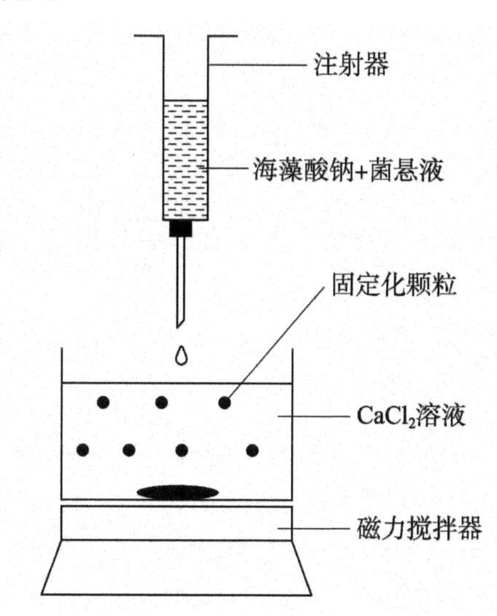

图 2-5-1-3　海藻酸钠包埋固定化操作示意图

（引自肖琳等，2004 年，适当改动）

注意：

海藻酸钠在 $CaCl_2$ 溶液中的交联时间会对固定化细胞的活性及颗粒的强度产生影响。当海藻酸钠遇到 $CaCl_2$，交联凝聚形成网格结构的过程会造成微生物活性的部分损伤，当凝胶结构稳定后，细胞活性开始逐渐恢复，随着交联时间的延长，固定化凝胶颗粒的强度逐渐增高，但是，凝胶颗粒内部结构更为紧密，不利于基质的传递，也使细胞活性逐渐降低。

3. 固定化颗粒的性质

将保存在无菌水中的固定化颗粒取出，观察其形状、颜色、手感，并测量其粒径，分析成球难易程度等。

五、实验报告

1. 实验结果

请将你制备的固定化颗粒的性质记录在下表中。

表 2-5-2　固定化颗粒性质记录表

形状	颜色	手感	粒径	成球难易

2. 思考题

你制备的固定化颗粒是否为球形？请分析如何才能制备出形状均匀规则的固定化颗粒？

【参考文献】

1. 王里奥，崔志强，钱宗琴，郑阳华. 微生物固定化的发展及在废水处理中的应用[J]. 重庆大学学报，2004，27(3)：125-129.

2. 肖琳，杨柳燕，尹大强，张敏跃. 环境微生物实验技术[M]. 北京：中国环境科学出版社，2004.

3. 翟晓萌，李道棠. 海藻酸钠固定化包埋微生物处理有机微污染源水[J]. 环境科学，2000，21(6)：80-84.

4. 张兰英，刘娜，孙立波，等. 现代环境微生物技术[M]. 北京：清华大学出版社，2005.

5. Jézéquel K，Lebeau T. Soil bioaugmentation by free and immobilized bacteria to reduce potentially phytoavailable cadmium [J]. Bioresource Technology. 2008，99：690-698.

6. Vancov T，Jury K，Rice N，Zwieten L V，Morris S. Enhancing cell survival of atrazine degrading *Rhodococcus erythropolis* NI86/21 cells encapsulated in alginate beads [J]. Journal of Applied Microbiology. 2007，102(1)：212-220.

实验2-6　环境污染物毒性的微生物检测技术

随着社会经济的发展，由工业生产和人类活动产生越来越多的环境污染物质，如工厂排出的含有各种复杂污染物的废液、废气、废渣等，农业上大量使用化肥和农药、食品行业普遍使用的各种添加剂、生活污水和垃圾以及新合成的各种化学物质等不断地排入大气、水体或土壤中，超过环境的自净能力，从而使环境正常组成和性质发生改变，直接或者间接有害于生物和人类健康，因此，有必要进行环境污染物的毒性检测，评价环境质量状况，从而为环境管理、环境规划、污染防治等提供科学依据。环境污染物的检测手段包括物理、化学和生物方法。其中，物理和化学方法只是对某类或某种污染物进行定性或定量分析，而生物技术则是利用生物对环境中多种污染因素的综合反映来评价环境污染的综合效应。由于环境污染往往是多因素的复合污染，因此生物方法更能直接、真实地反映环境污染状况。由于微生物是生态环境的重要成员，而且对环境变化反应敏感，微生物检测成为生物检测技术的重要组成部分。微生物检测方法操作简单、快速，成本低，因此得到广泛应用。

实验 2-6-1　发光细菌法检测环境污染物的综合生物毒性

一、实验目的

（1）了解发光细菌法检测环境污染物综合生物毒性的原理。

（2）掌握发光细菌法检测技术。

二、实验原理

由于微生物受污染物的毒性作用，会造成其酶活性、新陈代谢等生理功能的变化，而且这种变化在一定范围内具有明显的相关性，因此可以用微生物的生理变化来反映环境污染物的毒性效应。发光细菌法是以发光细菌作为受试生物，根据污染物对发光细菌发光强度的抑制作用来评价其毒性效应，目前该方法是国际通用（如 ISO、EPA、ASTM 等标准）、使用最广泛的污染物毒性检测方法。由于该方法操作简单、快速、灵敏而且成本低，20 世纪 80 年代初我国引进了这项技术，并先后分离出海水型和淡水型的发光细菌，并将该方法作为环境毒性检测的标准方法(详见 GB/T 15441-1995，水质急性毒性测定;《水和废水监测分析方法》,2002)。

发光细菌法的原理是:发光细菌在正常生理代谢条件下可自发出波长为 450～490 nm 的蓝绿色可见光，这种发光过程极易受到环境因素的影响。当有环境污染物存在时，会抑制发光反应的酶活性或抑制与发光反应有关的代谢活动，从而使发光细菌的发光强度发生变化，发光强度的变化在一定范围内与污染物的浓度和毒性具有显著的相关性，因此，可以通过检测发光强度的变化，来评价污染物的毒性效应，其毒性水平可选用参比物氯化汞(明亮发光杆菌 T3 法)或苯酚(青海弧菌 Q67 法)的浓度(mg/L)、EC_{50}值(样品液百分浓度或样品的稀释浓度)及抑光率表征。

根据受试微生物的不同，该方法分为明亮发光杆菌 T3 法(海水型发光细菌)和青海弧菌 Q67 法(淡水型发光细菌)。明亮发光杆菌比较适用于海洋环境样品毒性分析，在用于非海洋环境样品时，需在样品中加入较高浓度的氯化钠，但是，大量的氯离子会影响非海洋环境样品中一些污染物的生物可利用性和毒性效应。1985 年我国学者从青海黄鱼体表分离的青海弧菌，是一种淡水型发光菌，适用于非海洋环境样品分析，目前已被环境保护总局推荐为水和废水监测分析的标准方法。

三、明亮发光杆菌 T_3 法

1. 实验用品

(1) 菌种

明亮发光杆菌 T_3 小种(*Photobacterium phosphoreum* T_3 spp.)冻干粉。

(2) 试剂

氯化汞标准溶液(实验前配制):用无菌海水配制成浓度分别为 0.02 mg/L、0.04 mg/L、0.06 mg/L、0.08 mg/L、0.10 mg/L、0.12 mg/L、0.14 mg/L、0.16 mg/L、0.18 mg/L、0.20 mg/L、0.22 mg/L、0.24 mg/L 的 $HgCl_2$ 溶液。可以先配置成高浓度的 $HgCl_2$ 母液，然后再稀释成一系列浓度梯度的标准溶液。

(3) 实验器材

生物发光光度计、移液器、测试管、烧杯、容量瓶等。

2. 操作步骤

(1) 样品采集及预处理

选择工业污染较重的海区，采集污染海区的水样或沉积物样品。水样可直接测定，沉积物样品加入适量的无菌海水，充分振荡，使样品均匀分散，静置片刻，取上清液进行测定。

(2) 发光细菌冻干菌剂的复苏

向 0.5 g 发光细菌冻干菌剂中加入 0.5 mL 无菌海水，混匀，放置 2 min，暗室中肉眼可见微光，表明冻干菌剂已复苏。

向生物发光光度计测试管中加入 5 mL 无菌海水和 10 μL 复苏菌液，混匀后测定发光量。若发光量可达 600～1 900 mV，而且 4 h 时的发光量应不低于 400 mV，可用于样品测试；若发光量低于 600 mV 或高于 1 900 mV，调整倍率（×2 或×0.5）后仍不达标的，冻干粉则不可使用。

（3）样品预检

根据样品的相对发光强度及污染物毒性的表达方式（氯化汞的浓度或 EC_{50} 值），确定样品是否需要稀释及其合适的稀释程度，具体操作如下：

① 分别向无菌海水的对照管和样品管中加入 10 μL 复苏菌液，15 min 后使用生物发光光度计测定样品的相对发光度。若样品的相对发光度＜50％（即毒性水平较高），可以以 EC_{50} 或氯化汞浓度表征样品毒性，但以 EC_{50} 值表征样品毒性时，测定前需要进行样品稀释；若样品的相对发光度＞50％时（即中、低水平毒性），只能以氯化汞浓度表征样品毒性，测定前不需要对样品进行稀释。

② 若样品需要稀释，将样品用无菌海水先稀释成 100％、10％、1％、0.1％、0.01％的浓度梯度，测定各稀释度的相对发光度。选择样品合适的相对发光度的稀释范围，在该范围内再将样品稀释成 6～9 个浓度梯度进行实验。

（4）样品毒性测定

发光菌剂复苏稳定后，向对照管、不同稀释度的样品管或不同浓度的氯化汞管中（各管至少设置 3 个重复）分别加入发光菌液 10 μL，混匀，15 min 后立即测定各管发光量。

（5）结果计算

$$\text{相对发光度}(\%)=\frac{\text{氯化汞管或样品管发光量(mV)}}{\text{对照管发光量(mV)}}\times 100\%$$

$$\text{抑光率}(\%)=\frac{\text{对照管发光量(mV)}-\text{样品管发光量(mV)}}{\text{对照管发光量(mV)}}\times 100\%$$

（6）毒性表征

① 以氯化汞浓度表征样品毒性

绘制氯化汞的浓度（C）与相对发光度（T）％的关系曲线，根据样品的相对发光度，求出与样品急性毒性相当的氯化汞浓度（mg/L），并根据国内外学者报道的毒性分级标准（表 2-6-1-1），评价样品的毒性等级。

② 以 EC_{50} 值表征样品毒性

绘制样品稀释度（C）与相对发光度（T）％的关系曲线，求出以样品的稀释浓度表示的 EC_{50} 值。

③ 以抑光率表达样品毒性

根据污染物生物发光的抑光率，按照国内外学者报道的污染物毒性的分级标准（表 2-6-1-1），评价样品的毒性等级。

表 2-6-1-1　发光细菌法检测污染物毒性的分级标准

毒性等级	Ⅰ	Ⅱ	Ⅲ	Ⅳ	Ⅴ
氯化汞浓度(mg/L)	＜0.07	0.07～0.09	0.09～0.12	0.12～0.16	＞0.16
发光抑制率	＜30	30～50	50～70	70～100	＞100
毒性判定	低毒	中毒	重毒	高毒	剧毒

四、青海弧菌 Q67 法

1. 实验用品

（1）菌种

青海弧菌 Q67（*Vibrio qinghaiensis* Q67）冻干粉。

（2）试剂

① 0.8%的氯化钠溶液：将 0.8 g NaCl 溶于 100 mL 蒸馏水中，4℃保存备用。

② 10%的乳糖溶液：将 100 g 乳糖溶于 1 000 mL 蒸馏水中，当天使用。

③ 苯酚标准溶液（新鲜配制）：用 10%的乳糖溶液配制浓度分别为 20 mg/L、40 mg/L、80 mg/L、100 mg/L、120 mg/L、160 mg/L、200 mg/L、250 mg/L、300 mg/L 的苯酚溶液。也可以先配制高浓度的苯酚母液，然后再稀释成一系列浓度梯度的标准溶液。

（3）实验器材

生物发光光度计、移液器、测试管、烧杯、容量瓶等。

2. 操作步骤

（1）样品采集及预处理

采集废水、污染土壤、沉积物或污泥等样品，水样可直接加入 10%的乳糖，土壤、沉积物、污泥等样品先加入一定比例的蒸馏水，充分振荡，使样品均匀分散，静置片刻，取上清液，再加入 10%的乳糖。

（2）发光细菌冻干菌剂的复苏

向 0.5 g 冻干菌剂中加入 1 mL 0.8%的氯化钠溶液，暗室中肉眼可见绿色荧光，表明冻干菌剂已复苏。再加入 0.8%的氯化钠 5 mL，混匀，若菌液呈乳白色的均匀液体，静置后无沉淀，即可使用。

（3）样品预检

以 10%的乳糖作为空白对照，每 1 mL 样品加入 50 μL 菌液，15 min 后立即测定其发光量。若水样原液的相对发光强度＞50%，只能用对应的苯酚浓度表征其毒性水

平；若水样的相对发光强度<50%，可以用 EC_{50} 或苯酚浓度表征其毒性水平。若以 EC_{50} 值表征样品毒性时，样品需要稀释。根据预检结果，可以设定 3～4 个稀释度。

(4) 样品毒性测定

向各对照管、不同稀释度的样品管或不同浓度的苯酚管中（各管至少设置 3 个重复）分别加入 5%的发光菌液，15 min 后立即测定其发光量。

(5) 结果计算和毒性表征

样品的相对发光度和抑光率计算及毒性表征同明亮发光杆菌 T_3 法。

五、实验报告

1. 实验结果

(1) 根据你的实验结果，计算样品的相对发光度和抑光率。

(2) 表征样品的综合生物毒性程度（EC_{50} 值、氯化汞或苯酚浓度）。

2. 思考题

(1) 根据取样点的环境特征，分析可能的污染物来源、种类及潜在的危害。

(2) 请分析发光细菌法检测污染物综合生物毒性的影响因素。

【参考文献】

1. 常学秀，张汉波，袁嘉丽. 环境污染微生物学[M]. 北京：高等教育出版社，2006.

2. GB/T15441-1995 水质，急性毒性的测定，发光细菌法[S].

3. 国家环境保护总局. 水和废水监测分析方法[M]. 第 4 版. 北京：中国环境科学出版社，2002.

4. 王家玲. 环境微生物学[M]. 第 2 版. 北京：高等教育出版社，2004.

5. 许道艳，李伟，张芳，闫启仑. 用发光细菌法监测海洋沉积物综合毒性的可行性研究[J]. 海洋环境科学，2009，28(5)：570-572.

6. 鄢庆枇，郑天凌，陈进才，林良牧. MICROTOX 法在监测生物毒性中的应用[J]. 台湾海峡，1998，17(2)：190-194.

实验 2-6-2　Ames 实验检测环境污染物的遗传毒性

一、实验目的

了解 Ames 实验的原理，并掌握其操作技术。

二、实验原理

Ames 实验主要检测污染物的遗传毒性效应。污染物的遗传毒性效应主要表现在污染物的致突变作用(致癌、致畸)，由于微生物生长繁殖速度较快，已经被公认作为受试生物快速检测污染物的遗传毒性，应用的受试微生物有鼠伤寒沙门氏菌、大肠埃希氏菌、枯草芽孢杆菌、粗糙脉孢菌、酿酒酵母、构巢曲霉等，目前已被各国广泛采用的是鼠伤寒沙门氏菌。

Ames 实验即鼠伤寒沙门氏菌/哺乳动物微粒体酶实验法(简称 Ames 实验)，是由美国 Ames 教授等于 1975 年正式建立的，该方法的原理是采用人工诱变的鼠伤寒沙门氏菌的组氨酸营养缺陷型菌株(his^-)作为受试菌，该菌不能合成组氨酸，在不含有组氨酸的培养基中不能生长，或者仅有极少数的细胞自发回复突变而生长，但是，当受到污染物的致突变作用时，细胞 DNA 受到损害，而使大量细胞发生基因突变回复为野生型(his^+)，在无组氨酸的培养基上生长，形成肉眼可见的菌落。因此，可根据无组氨酸培养基上细菌的回变菌落数判断污染物遗传毒性效应。

另外，因为有些化学物质必须经过哺乳动物肝脏细胞中的羟化酶系统活化才有致突变作用，在原核生物细胞内缺乏这套酶系统，因此，往往在检测系统中加入哺乳动物微粒体酶(简称 S-9 混合液)，使测试条件更接近人体内代谢条件，提高污染物的阳性检出率。

该实验能够在短时间内对具有遗传毒性的污染物进行快速筛选，可以检测混合污染物综合毒性效应，在环境毒理学检测中具有重要作用，现已成为国际上公认的化学诱变检测的常规方法，并且形成了比较完整的数据库。虽然，该实验采用原核生物细胞作为受试生物，与哺乳动物存在一定区别，不能完全代表哺乳动物的实验结果，但是，该实验结果与哺乳动物的致突变性和致癌性具有较好的相关性，而且方法简单易行，灵敏度和检出率较高，因此，被广泛用于污染物的突变性检测。我国也将该方法列为国家标准方法(GB15193.4-2003 及《水和废水监测分析方法》2002)。

三、实验用品

1. 实验器材

超净台、灭菌锅、恒温培养箱、低温高速离心机、匀浆器、移液器、容量瓶、滤纸片等。

2. 菌株

采用4株鼠伤寒沙门氏菌突变型菌株(TA97、TA98、TA100和TA102)，其中TA97、TA98可检测移码型诱变剂，TA100可检测碱基置换型诱变剂，TA102可检测其他菌株难以检出的某些诱变剂(如甲醛、各种过氧化氢化合物和丝裂霉素C等交联剂)。各供试菌株的遗传特性见表2-6-2-1。

表2-6-2-1　供试菌的遗传特性

供试菌	组氨酸(his)	脂多糖屏障(rfa)	抗氨苄青霉素(R因子)	抗四环素(pAQ1质粒)	修复缺陷(ΔuvrB)
TA97	—	—	+	—	—
TA98	—	—	+	—	—
TA100	—	—	+	—	—
TA102	—	—	+	+	+
野生型	+	+	—	—	+

(—)表示缺失或缺陷；(+)表示含有或存在。

3. 培养基

(1) 营养肉汤培养基

牛肉膏	5.0 g
胰胨(或混合蛋白胨)	10.0 g
NaCl	5.0 g
$K_2HPO_4 \cdot 3H_2O$	2.6 g
蒸馏水	1 000 mL
pH	7.4

分装后121℃灭菌15 min，4℃保存备用。

(2) 底层培养基

磷酸氢钠铵	3.5 g
柠檬酸	2.0 g
$K_2HPO_4 \cdot 3H_2O$	10.0 g
$MgSO_4 \cdot 7H_2O$	0.2 g

葡萄糖	20.0 g
琼脂粉	15.0 g
蒸馏水	1 000 mL

115℃灭菌 20 min,冷却后制成平板备用。

(3) 上层培养基

NaCl	5.0 g
D-生物素	12.2 mg
L-盐酸组氨酸	9.56 mg
琼脂粉	6.0 g
蒸馏水	1 000 mL

分装于试管中(2 毫升/管),121℃灭菌 15 min。

4. 试剂

阳性诱变剂:叠氮化钠、敌克松。

四、操作步骤

1. 菌种活化

将 4 株鼠伤寒沙门氏菌突变型菌株(TA97、TA98、TA100、TA102),分别接种至营养肉汤培养基中,37℃振荡培养 10 h,使细菌浓度达到(1～2)×10^9CFU/mL。

2. 样品的采集及预处理

采集工厂排放的废液作为检测样品,置无菌样品瓶中带回实验室。用无菌蒸馏水将待测样品进行梯度稀释后,备用。若采集的样品中含有组氨酸,应将样品经 XAD-Ⅱ树脂柱洗脱后再进行实验。若已知样品中组氨酸的浓度,也可在实验中增设组氨酸对照组。

3. 致突变实验

(1) 平板点试法(定性实验)

待测样品:取 0.1 mL 各供试菌的菌液加入 2 mL 45℃保温的上层培养基中,迅速混匀,并均匀平铺于底层培养基平板上。待培养基凝固后,用不同浓度的样品分别浸润无菌圆滤纸片,取出滤纸片,平贴在培养基的表面。每个样品浓度至少设置 3 个平行。

阳性对照:阳性对照组的基本操作同上,以阳性诱变剂代替待测样品。TA97、TA98、TA102 的阳性诱变剂采用 50 微克/片的敌克松,TA100 的阳性诱变剂采用 1.0 微克/片的叠氮化钠。

阴性对照:阴性对照的基本操作同上,以蒸馏水代替待测样品或阳性诱变剂。

自发回变对照:自发回变对照的基本操作同上,但不加任何滤纸片。

所有平板均在37℃培养48 h,观察滤纸片周围菌落的生长情况。

(2) 平板掺入法(定量实验)

待测样品:取0.1 mL各供试菌的菌液加入2 mL 45℃保温的上层培养基中,再加入0.1 mL不同浓度的待测样品,迅速混匀后平铺于底层培养基平板上。每个样品浓度至少设置3个平行。

阳性对照:阳性对照组的基本操作同上,以阳性诱变剂代替待测样品。TA97、TA98、TA102的阳性诱变剂采用50微克/皿的敌克松,TA100的阳性诱变剂采用1.5微克/皿的叠氮化钠。

阴性对照:阴性对照的基本操作同上,以蒸馏水代替待测样品或阳性诱变剂。

自发回变对照:自发回变对照的基本操作同上,但不加任何样品或诱变剂。

所有平板凝固后均在37℃培养48 h,观察平板上菌落的生长情况。

4. 结果观察记录

(1) 平板点试法(定性实验)

——若在一株或多株供试菌平板上的滤纸片周围生长有密集的菌落,证明待测样品具有致突变作用(阳性);

——若平板上出现少数分散的菌落,与阴性对照和自发回变对照的数量相当,表明待测样品不具有致突变作用(阴性);

——若滤纸片周围有明显的抑菌圈,表明待测样品对细菌呈现毒性效应;

——若供试菌株的自发回变数过高或过低(表2-6-2-2),表明供试菌可能发生变异,实验结果不可靠。

(2) 平板掺入法(定量实验)

——若待测样品平板上的菌落数是自发回变对照平板上菌落数的2倍或2倍以上,并且在一定浓度范围内待测样品浓度与菌落数具有线性关系,则表明待测样品具有致突变作用(阳性);

——若待测样品浓度达5毫克/皿或达到了抑菌浓度,仍没有呈现明显的诱发回变菌落,则表明待测样不具有致突变作用(阴性);

——若供试菌株的自发回变菌落数和阳性诱变剂诱发的回变菌落过高或过低(表2-6-2-2),表明供试菌可能发生变异,实验结果不可靠。

表2-6-2-2 供试菌的回变特性

供试菌	TA97	TA98	TA100	TA102
自发回变菌落数	90～180	30～50	120～200	240～320
诱发回变菌落	2 688	1 198	3 000*	895

* 供试菌TA100的阳性诱变剂采用叠氮化钠(1.5微克/皿),其他供试菌采用敌克松(50微克/皿)。

五、实验报告

1. 实验结果

(1) 请将实验测定的回变菌落数结果记录在下表内。

表 2-6-2-3 供试菌株的回变菌落数记录表

<table>
<tr><th colspan="2" rowspan="2">组别</th><th colspan="4">回变菌落数</th></tr>
<tr><th>TA97</th><th>TA98</th><th>TA100</th><th>TA102</th></tr>
<tr><td rowspan="9">样品</td><td rowspan="3"></td><td></td><td></td><td></td><td></td></tr>
<tr><td></td><td></td><td></td><td></td></tr>
<tr><td></td><td></td><td></td><td></td></tr>
<tr><td rowspan="3"></td><td></td><td></td><td></td><td></td></tr>
<tr><td></td><td></td><td></td><td></td></tr>
<tr><td></td><td></td><td></td><td></td></tr>
<tr><td rowspan="3"></td><td></td><td></td><td></td><td></td></tr>
<tr><td></td><td></td><td></td><td></td></tr>
<tr><td></td><td></td><td></td><td></td></tr>
<tr><td colspan="2">阳性对照</td><td></td><td></td><td></td><td></td></tr>
<tr><td colspan="2">阴性对照</td><td></td><td></td><td></td><td></td></tr>
<tr><td colspan="2">自发回变对照</td><td></td><td></td><td></td><td></td></tr>
</table>

(2) 根据实验结果,绘制待测样品的剂量—反应关系图。

2. 思考题

(1) 根据实验结果,请分析工厂排放的废液是否含有致突变污染物?

(2) 请分析 Ames 实验的优缺点。

【参考文献】

1. GB15193. 4-2003,鼠伤寒沙门氏菌/哺乳动物微粒体酶试验[S].

2. 国家环境保护总局. 水和废水监测分析方法[M]. 第 4 版. 北京:中国环境科学出版社,2002.

3. 钱存柔,黄仪秀. 微生物学实验教程[M]. 第 2 版. 北京:北京大学出版社,2008.

4. 王家玲. 环境微生物学[M]. 第 2 版. 北京:高等教育出版社,2004.

第三部分　环境中的微生物

实验 3-1　土壤环境中的微生物

实验 3-2　淡水环境中的微生物

实验 3-3　大气中的微生物

实验 3-4　海洋环境中的微生物

实验3-1　土壤环境中的微生物

土壤环境中含有绝大多数微生物生活所需的各种条件，土壤中的微生物不仅数量巨大，而且种类繁多，因此，土壤是微生物的“大本营”。土壤中的微生物是使土壤具有生命力的主要成分，是土壤分解系统的主导者，在土壤物质转换、能量流动过程中起着重要作用。其中，细菌一般生活在中性到微碱性的土壤环境中，在物质循环过程中主要分解一些成分相对简单的物质；放线菌在干燥、偏碱性环境中数量一般较多，对环境适应性强，在降解难分解物质（如几丁质、纤维素和半纤维素）方面具有优势，而且是土壤中重要的抗生素产生菌；真菌往往在酸性环境中数量较多，是动植物残体等有机质分解的重要成员。

土壤中的微生物种群和数量受土壤管理利用、质地结构、地理环境、气候、营养物质含量、pH、温度、水分、通气性、污染等因素的影响而发生变化，甚至同一土壤在不同季节微生物的种群和数量都不一样。土壤微生物是气候和土壤环境条件变化的敏感指示，与土壤肥力和土壤健康有着密切关系。

由于土壤的空间异质性，在进行土壤微生物研究中，土壤样品的采集是一个非常重要的环节，采集的土壤样品必须具有代表性，要能最大限度地反映实验区的实际情况。因此一般需要多点取样，再混合成一个样品。多点采样时，采样点的布设主要有以下几种：

（1）对角线布点法（图 3-1-1A）：适宜于污水灌溉地块，在对角线各等分中央点采样。

（2）梅花形布点法（图 3-1-1B）：适宜于面积不大、地形平坦、土壤均匀地块的采样。

（3）棋盘式布点法（图 3-1-1C）：适宜于中等面积、地势平坦、地形开阔，但土壤不太均匀地块的采样。

（4）蛇形布点法（图 3-1-1D）：适宜于面积较大，地形不太平坦、土壤不够均匀，需要较多采样点地块的采样。

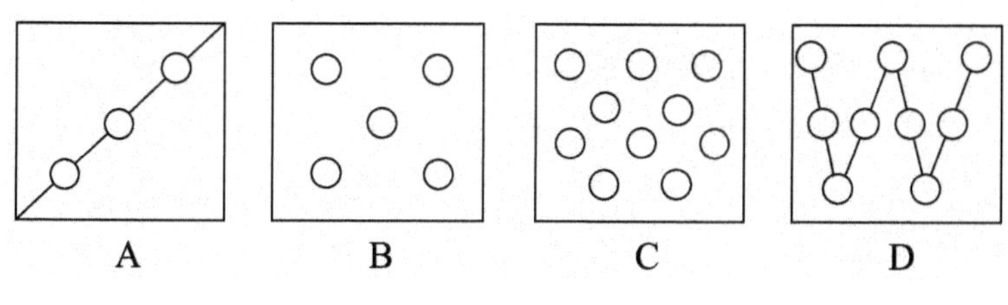

图 3-1-1　采样点的布设

（A：对角线布点法；B：梅花形布点法；C：棋盘式布点法；D：蛇形布点法）

土壤样品采集时，需要先清理采样区的枯枝落叶及其他杂物，再除去最表层的表土(表土受日照、干燥、人为活动、枯枝落叶等因素影响较大)。取样深度需要根据采样目的而定，如果要采集表层土样，一般选取 15 cm 以上的土层作为表层；如果要采集剖面土样，为避免上下层土样混杂，应在挖好剖面后，先取下层土样，再向上逐层取样，表层一般以每 5 cm 为一单元分层，表层以下一般以每 5 cm 或 10 cm 为一单元分层。若采集的土壤样品较多，可用四分法将多余土壤弃去，四分法的做法是：将采集的土壤样品放在干净的塑料薄膜上弄碎、混匀，并均匀平铺成四方形，划出对角线，将样品分成四份，保留对角的两份，其余两份弃去。如果保留的土样数量仍很多，可再用四分法处理，直至对角的两份达到所需数量为止。

实验 3-1-1　根际微生物特征分析

德国微生物学家 Lorenz Hiltner 研究发现，根际周围土壤中的细菌种类要比远离根的土壤中多且活跃，于是他 1904 年提出了根际的概念，即根系周围、受根系生长影响的土体。根际的范围不是非常明确，一般是指距离根面数毫米(5 mm 或更大)之内。根际微生物是指植物根系直接影响的土壤范围内生长繁殖的微生物。在根际环境中，土壤、植物、微生物三者之间相互作用、相互影响，形成微生物生长发育的一个特殊生境。

在根际环境中，由于植物不断地向土壤中释放根系分泌物和植物残体，为根际微生物提供了丰富的碳源和能源，由于距根越远，植物的根分泌物就越少，供给微生物的能源物质也就越少，因此微生物数量从根区向土体土壤呈明显的递减趋势。根据研究发现，根际土壤微生物与非根际土壤微生物的比值(R/S)一般为 5～50，有的甚至更高。另外，受根系分泌物的选择作用，根际微生物的种类组成往往比较简单。因此，根际土壤微生物在数量、种类、多样性以及优势生理类群上都不同于非根际土壤，其代谢活动也比非根际区域旺盛，这种差异称为“根际效应”，与植物的种类、不同生长发育阶段、生理状况、土壤理化环境、季节变换以及栽培管理等有关。

一、实验目的

(1) 了解根际效应及主要影响因素。

(2) 掌握根际土壤样品的采集及处理方法。

二、实验用品

1. 实验器材

小型铁铲、取样铲、样品瓶、锥形瓶、试管、培养皿、天平、振荡器、取液器、黑色核孔

滤膜(孔径 0.22 μm,∅25 mm)、抽滤装置、无荧光镜油、镊子、载玻片、盖玻片、荧光显微镜、烘箱、恒温培养箱等。

2. 培养基

(1) 牛肉膏蛋白胨培养基

(2) 马丁氏培养基

KH_2PO_4	1 g
$MgSO_4 \cdot 7H_2O$	0.5 g
蛋白胨	5 g
葡萄糖	10 g
1%孟加拉红水溶液	3.3 mL
1%链霉素	0.3 mL
琼脂	15～20 g
蒸馏水	1 000 mL
pH	自然

由于链霉素受热易分解,先将链霉素以外的其他成分依次溶解在蒸馏水中,113℃灭菌 20 min,待培养基冷却至 50℃以下,加入链霉素,链霉素具有抑制或杀死细菌的作用。另外,孟加拉红染料,是细菌和放线菌的抑制剂,两者对真菌均无抑制作用。因而,真菌在这种培养基上可以得到优势生长,从而达到分离和培养真菌的目的。

(3) 高氏一号培养基

可溶性淀粉	20 g
NaCl	0.5 g
KNO_3	1 g
$K_2HPO_4 \cdot 3H_2O$	0.5 g
$MgSO_4 \cdot 7H_2O$	0.5 g
$FeSO_4 \cdot 7H_2O$	0.01 g
琼脂	15～20 g
蒸馏水	1 000 mL
pH	7.4～7.6

可溶性淀粉需先在小烧杯中用少量冷水调成糊状,然后倒入适量沸水中继续加热直至完全溶化,其他成分逐一溶解在另一部分蒸馏水中,然后合并两部分溶液。

3. 试剂

(1) DAPI 工作液(10 μg/mL):将一定量的 DAPI 溶于蒸馏水中,制备成高浓度的储备液(200 μg/mL),经 0.22 μm 滤膜过滤,分装后−20℃冷冻保存。使用前将储备液解冻后稀释成 10 μg/mL 的工作液，经 0.22 μm 滤膜过滤后使用。

(2) Tween-80 工作液：将一定量的 Tween-80 溶于蒸馏水中，制备成 0.05%的工作液，高压灭菌后备用。

(3) 无颗粒甲醛：经 0.22 μm 滤膜过滤的 37%～40%的甲醛溶液。

(4) 生理盐水：0.85～0.90%的 NaCl 溶液，分装于试管(9 毫升/管)和锥形瓶(90 毫升/瓶)中，灭菌后备用。

三、操作步骤

1. 样品采集

样品采集选择绿化区植被或农作物，在样品采集前，需要先记录采样区的情况，如采样地点、土地利用情况、植被种类、生长期及分布情况等，除去最表层的表土，用取样铲挖取带完整根系的土块，用小刀把根外大部分土块除去(如土块太干，可先把土块放在适量无菌水中浸泡数分钟，使其软化后再除去)，然后，轻轻抖动(注意力度和时间)除去松散地附着在根上的土粒。同时采集同一区域无植被或作物生长的相同深度的土壤作为非根际对照土，剔除石砾、碎片等杂物，置无菌样品瓶或样品袋内，带回实验室。

2. 菌悬液的制备

(1) 根际土壤菌悬液的制备

称取带有根际土的根系 10 g，置 100 mL 无菌生理盐水中，再加入 1%的 Tween-80 工作液，振荡冲洗 15 min，制备成根际土菌悬液，静置 1 min，取上层悬浊液进行 10 倍系列梯度稀释，用于根际微生物分析。最后用无菌镊子取出根系，用滤纸吸干、称重，计算根际土的质量。

(2)非根际土壤菌悬液的制备

取一定量的新鲜非根际土壤样品(10 g)加入适量的无菌生理盐水(100 mL)，再加入 1%的 Tween-80 工作液，充分振荡 15 min，使土样均匀分散，制备成非根际土菌悬液，静置 1 min，使较大颗粒自然沉降，取上层悬浊液进行 10 倍系列梯度稀释。

注意：

土壤中的微生物大多数附着在土壤颗粒表面或土壤团聚体的孔隙中，测定时必须使微生物与土壤颗粒分离，所采用的方法通常是在物理处理(振荡等)的同时加入分散剂(Tween-80 等)，以增强土壤的分散效果(彩图 5)。

3. 可培养菌（细菌、真菌、放线菌）的测定

根据样品中微生物的数量选择一定稀释倍数的菌悬液，分别涂布牛肉膏蛋白胨培养基、马丁氏培养基、高氏一号培养基，每个稀释度至少 3 个重复。细菌置 37℃培养 2～3 d，真菌置 27℃培养 3～4 d，放线菌置 28℃培养 3～7 d。培养结束后，将平板取

出，计数每个平板上的菌落数。细菌和放线菌的计数按照平板计数原则(实验 1～3 环境样品中细菌菌落总数的测定)进行，真菌选择菌落数在 10～100 的培养皿计数，如果平板上扩散性真菌的菌落占据培养皿的 15%以上，则不应采用，因为扩散性生长的菌落可能抑制了其他菌的生长。

4. 微生物总数的测定

用无菌取液器取一定量的菌悬液(3～10 mL)，加入无颗粒甲醛固定(甲醛终浓度 2%)，经 0.22 μm、直径 25 mm 的黑色核孔滤膜(聚碳酸酯滤膜)过滤收集菌体(抽滤装置应预先用无菌水清洗)。抽滤至滤膜刚好呈湿润状态，然后在滤膜上加入 1 mL DAPI 工作液，使其覆盖滤膜，避光染色 10 min，继续将滤膜抽干。取一干净的载玻片，加一滴无荧光镜油，将核孔滤膜用镊子小心地从滤器上取下，贴在载玻片上，将有菌体的一面朝上，再在滤膜上加一滴无荧光镜油，然后盖上盖玻片，将样品置于荧光显微镜载物台上，按照荧光显微镜的使用方法，观察微生物的荧光图像，然后每个样品随机选取 10 个视野进行计数。

注意：

(1) 荧光显微镜直接计数时每个视野中的细胞数保持在 30～50 个为宜，(根际)土壤样品中一般含有较多的细胞，如果过滤样品量较少，可预先用无菌生理盐水稀释菌悬液后过滤，以便微生物能够均匀分布在滤膜上。

(2) 土壤样品中经常存在黏土、胶体、有机质等非生命颗粒物，由于有些非生命颗粒物能自动发出荧光或非特异性地和荧光染料 DAPI 结合，呈现黄色或黄绿色荧光(彩图 6)，而影响微生物细胞的检测或观察。如果 DAPI 与非 DNA 物质结合较多，会有片状的黄色荧光呈现，对结果观察干扰较大，可对样品进行适当稀释或除去较大的非生命颗粒物后再进行测定。

四、数据处理

1. 利用以下公式计算样品中细菌、真菌、放线菌的浓度：

$$\text{每克样品中的菌数(CFU/g)}=\frac{N\times d\times V}{v\times g}$$

式中：N——平板上微生物的平均菌落数(CFU)；

d——菌悬液的稀释倍数；

V——菌悬液的总体积(mL)；

v——接种量(mL)；

g——制备菌悬液的样品重量(g)。

2. 利用以下公式计算样品中总微生物的浓度

$$\text{每克样品中的微生物数量(个/克)}=\frac{C\times M\times V}{F\times v\times g}$$

式中：C——每个视野中微生物数量的平均值（个）；

F——显微镜每个视野的面积（mm^2）；

M——滤膜的有效过滤面积（mm^2）；

v——过滤菌悬液的体积（mL）；

V——菌悬液的总体积（mL）；

g——制备菌悬液的样品重量（g）。

五、实验报告

1. 实验结果

将根际土和非根际土中细菌、真菌、放线菌和微生物总数的测定结果记录在下表内，并计算其根际效应。

表 3-1-1-1　样品中微生物数量测定结果记录表

	细菌（CFU/g）	真菌（CFU/g）	放线菌（CFU/g）	总微生物（个/克）
根际样品				
非根际样品				
根际效应				

2. 思考题

（1）根据实验结果，请分析根际微生物特征。

（2）请分析不同植物根际微生物的区别，并结合相关资料简要分析其原因。

（3）请分析如何提高土壤样品总微生物直接计数的准确性？

【参考文献】

1. 李振高，骆永明，滕应. 土壤与环境微生物研究法[M]. 北京：科学出版社，2010.

2. 林先贵. 土壤微生物研究原理与方法[M]. 北京：高等教育出版社，2010.

3. 张甲耀，宋碧玉，陈兰洲，郑连爽. 环境微生物学[M]. 武汉：武汉大学出版社，2008.

实验 3-1-2　农田土壤中好氧自生固氮菌的测定

氮是微生物和植物最重要的矿质无机营养，氮素循环是重要的生物地球化学循环。其中，固氮菌的固氮过程是氮的生物地球化学循环的重要环节。固氮菌可把大气中的氮转变成可利用的氮的形态(NH_4^+)，陆地生态系统每年可固定的氮量约为 1.35×10^8 吨，占总氮输入(陆生环境、水生环境、肥料制造)量的 65%，海洋生态系统比例较小，约为 20%。陆地生态系统中的固氮菌种类很多，主要分成 3 大类：1) 自生固氮菌，能在无氮培养基上生长繁殖，可直接利用空气中的氮(N_2)作为氮素营养，通过其体内固氮酶的作用，独立进行固氮的微生物。主要包括好氧自生固氮菌、厌氧自生固氮菌、固氮蓝细菌和少量的放线菌和真菌等。2) 共生固氮菌，必须与植物营共生关系时才能进行固氮的微生物，固氮产物氨可直接为共生体提供氮源。主要有根瘤菌属(*Rhizobium*)和豆科植物，弗兰克氏菌属(*Frankia*，放线菌)和桤木或杨梅等，蓝细菌(念珠藻或鱼腥藻)和苏铁，鱼腥藻和红萍等共生系统，这些共生固氮菌一般都具有很高的固氮能力，固氮效率往往比自生固氮菌高数十倍。3) 联合固氮菌，有些固氮菌定殖于某些植物细胞内、根表或近根土壤中，以根系分泌物作为主要能源，但不像共生固氮系统那样形成特异分化的根瘤或茎瘤结构，一般没有明显的形态变化，固氮速率通常较低，如甘蔗、热带草 *Paspalum notatum*、水稻及禾本科牧草根际的固氮菌，其中，固氮螺菌属是研究较多的联合固氮菌。

该实验以好氧自生固氮菌的测定为例，掌握其检测方法，了解其生态功能。好氧自生固氮菌可利用大气中的氮，因此可用无氮培养基进行选择性培养，培养基中不含有氮源，但可为微生物提供碳源(葡萄糖或甘露醇)和无机营养，因此，可抑制样品中其他微生物的生长，实现对固氮微生物的选择作用。

一、实验目的

(1) 了解固氮菌的生态功能。

(2) 掌握好氧自生固氮菌的检测方法。

二、实验用品

1. 实验器材

灭菌锅、超净台、恒温培养箱、振荡器、培养皿、试管、锥形瓶、涂布棒、移液器、混合器、酒精灯等。

2. 培养基

(1) 阿须贝(Ashby)无氮培养基

甘露醇	10 g
$CaCO_3$	5 g
KH_2PO_4	0.2 g
$MgSO_4 \cdot 7H_2O$	0.2 g
NaCl	0.2 g
$CaSO_4 \cdot 2H_2O$	0.1 g
琼脂	15～20 g
蒸馏水	1 000 mL
pH	6.8～7.0

(2) 瓦克斯曼(Waksman)77 号培养基

葡萄糖	10 g
K_2HPO_4	0.5 g
$MgSO_4 \cdot 7H_2O$	0.2 g
NaCl	0.2 g
$MnSO_4 \cdot 4H_2O$	微量(10 g/L 溶液 2 滴)
$FeCl_3 \cdot 6H_2O$	微量(10 g/L 溶液 2 滴)
pH	7.0
刚果红(10 g/L)	5 mL
琼脂	15～20 g
蒸馏水	1 000 mL

注意:

先调节 pH 7.0 后,再加入刚果红溶液。

3. 其他

(1) 生理盐水:0.85%～0.90%的 NaCl 溶液,分装于试管中,每管 9 mL,分装于锥形瓶中,每瓶 90 mL,高压灭菌后备用。

(2) Tween-80 工作液:将一定量的 Tween-80 溶于蒸馏水中,制备成 0.05%的工作液,高压灭菌后备用。

三、操作步骤

1. 培养基的制备

平板法需配制阿须贝(Ashby)或瓦克斯曼(Waksman)77 号无氮固体培养基,制

成平板备用。

MPN 计数法需配制阿须贝（Ashby）无氮液体培养基，分装于试管中，每支试管 9 mL，然后沿试管内壁固定一滤纸条，灭菌后备用。

2. 样品采集

根据土壤样品采集方法采集农田表层土，置无菌容器中带回实验室。

3. 菌悬液的制备

参照实验 3-1-1 根际微生物特征分析，制备土壤样品的菌悬液，并进行 10 倍系列梯度稀释。

4. 接种及培养

若采用平板法测定，按照稀释涂布平板法分别将适宜稀释度（如：10^{-1}、10^{-2}、10^{-3}）的菌悬液接种于阿须贝（Ashby）无氮培养基或瓦克斯曼（Waksman）77 号培养基的平板上，每个稀释度至少接种 3 个平板，28℃培养 7 天后，观察菌落特征。

若采用 MPN 计数法测定，选择适宜稀释度（如：10^{-1}、10^{-2}、10^{-3}）的菌悬液，按照 MPN 计数法分别接种于阿须贝（Ashby）无氮液体培养基试管中，同时接种无菌水作为对照，28℃培养 7 天后，观察细菌生长情况。

5. 结果观察计数

（1）平板法

一般来说，好氧自生固氮菌在无氮培养基上培养一段时间后会出现黏稠、表面光滑或具有皱纹、混浊半透明的大型菌落。平板上较常见的有褐球固氮菌（*Azotobacter chroococcum*）、拜氏固氮菌（*A. beijerinckii*）和维涅兰得固氮菌（*A. vinelandii*），前两者可分泌水溶性的褐色素，使菌落呈现棕褐色，但是，拜氏固氮菌的产色素能力较弱，菌落颜色较浅（浅褐色或浅黑色），但可产生较多的黏性物质，使菌落呈黏糊状，维涅兰得固氮菌能分泌少量水溶性绿色色素，一般呈无色黏稠的菌落。

另外，在计数时需要注意培养基上生长的菌不一定全是好氧自生固氮菌，可能会有些微嗜氮的细菌在无氮培养基上生长，也可能会有利用固氮菌分泌物的非固氮菌在固氮菌周围生长，因此，有时需要镜检或测定固氮量进行确定。对自生固氮菌涂片、染色、镜检，多数是杆菌或短杆菌，菌体细胞较大，单生或对生，成对的菌体常呈“8”字形排列，并且外面有一层厚厚的荚膜。

（2）MPN 计数法

如各培养管中培养液表面与滤纸接触处出现褐色或黏液状菌膜，则表示有自生固氮菌生长，得出数量指标，查 MPN 表，计算好氧自生固氮菌的数量。

四、实验报告

1. 实验结果

请根据平板菌落数或 MPN 值，计算样品中好氧自生固氮菌的浓度。

2. 思考题

(1) 请分析好氧自生固氮菌测定过程中存在的问题。

(2) 根据你的测定结果，并结合相关资料，分析好氧自生固氮菌对样品所在生态系统氮循环的贡献。

【参考文献】

1. 李振高，骆永明，滕应. 土壤与环境微生物研究法[M]. 北京：科学出版社，2010.
2. 林先贵. 土壤微生物研究原理与方法[M]. 北京：高等教育出版社，2010.
3. 张甲耀，宋碧玉，陈兰洲，郑连爽. 环境微生物学[M]. 武汉：武汉大学出版社，2008.
4. 周德庆. 微生物学实验教程[M]. 第 2 版. 北京：高等教育出版社，2006.

实验 3-1-3 湿地土壤中产甲烷菌及甲烷氧化菌的测定

湿地是水陆相互作用形成的独特生态系统，占陆地面积的 4%～6%，却是大气中重要的温室气体——甲烷的重要来源之一，占全球甲烷总排放量的 20%～39%，占天然甲烷排放量的 70%。甲烷的释放与微生物介导的碳的生物地球化学循环过程密切相关，其中产甲烷菌和甲烷氧化菌在该过程中发挥重要作用。

大部分甲烷(总排放量的 70%～80%)是微生物在厌氧环境下发酵有机物产生的，从有机物厌氧发酵到形成甲烷，是非常复杂的过程，其中，产甲烷菌位于有机物甲烷化作用厌氧食物链的末端。产甲烷菌为专性厌氧古细菌(革兰氏阳性或阴性，细胞壁中不含有肽聚糖)，细胞内缺乏超氧化物歧化酶和过氧化氢酶，对氧极其敏感。而甲烷氧化菌能利用甲烷作为唯一的碳源和能源，为专性、微好氧的革兰氏阴性菌，在微氧环境中通过甲烷单加氧酶将甲烷氧化成二氧化碳(甲烷→甲醇→甲醛→甲酸→二氧化碳)，对于调节湿地中甲烷的释放具有重要作用。甲烷氧化菌主要存在于湿地土壤上层及植物根系或根际的有氧微域。目前发现的甲烷氧化菌主要有两类，在系统发育上隶属于 γ-*Proteobacteria* 的被称为 typeⅠ，在系统发育上隶属于 α-*Proteobacteria* 的被称为 typeⅡ。

产甲烷菌和甲烷氧化菌的检测及定量测定方法除了传统的培养法，还有荧光定量 PCR 及荧光原位杂交，16S rRNA 基因和功能基因常用来作为分子标记物进行产甲烷菌和甲烷氧化菌的检测。由于两类菌在系统发育上的多样性，功能基因彰显优势。甲基辅酶 M 还原酶(methyl coenzyme-Mreductase, MCR)是甲烷产生过程中参与最后一步反应的功能酶，为产甲烷菌所特有，并存在于所有已知的产甲烷菌中，由三个亚基(α,β,γ)组成，负责编码 α 亚基的基因 *mcr*A 可作为产甲烷菌检测的独特的分子标记，常用的引物有 ME1(5′-GCMATGCARATHGGWATGTC-3′)和 ME2(5′-TCATKGCRTAGTTDGGRTAGT-3′)。甲烷单加氧酶是甲烷氧化的第一个关键的酶，也是甲烷氧化菌的特征酶。甲烷单加氧酶有两种类型：颗粒状或膜结合甲烷单加氧酶(pMMO)和可溶性甲烷单加氧酶(sMMO)，sMMO 受铜离子浓度的调控，只有在低于 1 μmol/L 时才会表达。因此，编码 pMMO 的 α 亚基的基因 *pmoA* 被广泛用作甲烷氧化菌检测的分子标记(*Methylocella* spp. 除外，因为它只含有 sMMO)，常用的引物有 A189f(5′-GGNGACTGGGACTTCTGG-3′)和 mb661r(5′-CCGGMGCAACGTCYTTACC-3′)。

另外，研究表明，产甲烷菌含有辅酶 F_{420} 和甲烷喋呤及其衍生物，而且，大多数产甲烷菌中辅酶 F_{420} 含量相当高(巴氏甲烷八叠球菌和瘤胃甲烷短杆菌除外)，它们在 420 nm 紫外光激发下，可自发产生蓝绿色荧光(480 nm)。目前除产甲烷菌外，还没有发现其他专性厌氧菌存在有辅酶 F_{420} 和其他在 420 nm 激发、480 nm 发射荧光的物质，因此，利用荧光显微镜检测菌落的荧光产生情况也成为鉴定产甲烷菌的一种重要的技术手段。

为了避免重复，同时为了以产甲烷菌为例介绍厌氧菌的基本操作和培养方法，该实验主要介绍基于培养的产甲烷菌和甲烷氧化菌的检测方法，基于 PCR 和基于分子杂交的分子生物学方法请参考相关实验进行。亨盖特(Hungate)滚管技术和厌氧手套箱技术是目前最有效的两种严格厌氧操作技术，由于厌氧手套箱技术需要特殊的设备——厌氧箱，而且操作烦琐，使用不便，在此仅介绍应用最为广泛而且简单易行的滚管技术。该技术是由美国微生物学家亨盖特于 1950 年首次提出并应用于瘤胃厌氧微生物研究，之后又经历了几十年的不断改进和完善，逐步发展成为研究厌氧微生物的一种极为有效的操作技术，并得到广泛应用。该技术的操作过程就是将含厌氧菌的样品在无氧条件下接入含有无菌厌氧琼脂培养基的滚管中，然后在较低温度下，将滚管在滚管机上缓慢滚动，使培养基均匀地凝固在滚管内壁上，培养后，管壁四周即可生长出单菌落(图 3-1-3-1)，可用解剖镜、放大镜或荧光显微镜观察菌落特征。

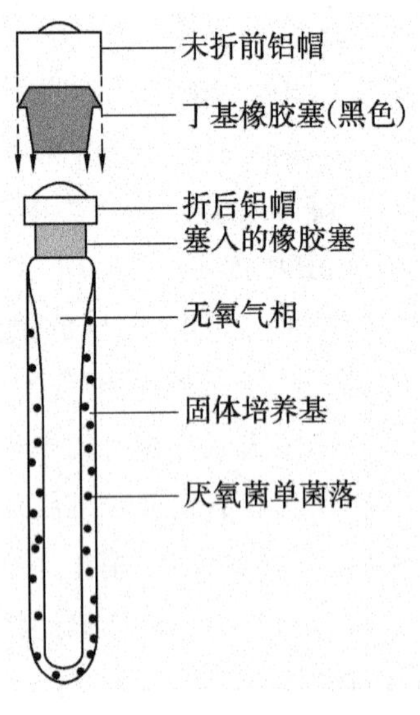

图 3-1-3-1 亨盖特(Hungate)滚管技术中使用的滚管及菌落生长示意图

(引自周德庆，2006)

一、产甲烷菌的测定

(一) 实验目的

(1) 了解产甲烷菌的生态功能及检测方法。

(2) 掌握厌氧微生物培养的亨盖特(Hungate)滚管技术。

(二) 实验用品

1. 实验器材

灭菌锅、滚管机、水浴锅、注射器、滚管、血清瓶、圆底烧瓶、混合器、天平等。

2. 培养基

(1) 产甲烷菌分离培养基

NH_4Cl	1 g
$MgCl_2$	1 g
K_2HPO_4	0.4 g

KH_2PO_4	0.4 g
胰酶解酪蛋白	2 g
酵母浸膏	1 g
无机盐溶液	50 mL
微量元素液	10 mL
维生素溶液	10 mL
0.2%的刃天青(新鲜配制)	1 mL
蒸馏水	1 000 mL
pH	6.8～7.0

(2) 无机盐溶液

K_2HPO_4	6 g
KH_2PO_4	6 g
$(NH_4)_2SO_4$	6 g
NaCl	12 g
$MgSO_4 \cdot 7H_2O$	2.6 g
$CaCl_2 \cdot 2H_2O$	0.16 g
蒸馏水	1 000 mL

(3) 微量元素液(过滤除菌)

氨基三乙酸	1.5 g
$MnSO_4 \cdot 2H_2O$	0.5 g
$MgSO_4 \cdot 7H_2O$	3.0 g
$FeSO_4 \cdot 7H_2O$	0.1 g
NaCl	1.0 g
$CoCl_2 \cdot 6H_2O$	0.1 g
$CaCl_2 \cdot 2H_2O$	0.1 g
$CuSO_4 \cdot 5H_2O$	0.01 g
$ZnSO_4 \cdot 7H_2O$	0.1 g
H_3BO_3	0.01 g
$AlK(SO_4)_2$	0.01 g
$NiCl_2 \cdot 6H_2O$	0.02 g
Na_2MoO_4	0.01 g
蒸馏水	1 000 mL

(4) 维生素溶液(过滤除菌)

生物素	2 mg

叶酸	2 mg
维生素 B_6	10 mg
维生素 B_2	5 mg
维生素 B_1	5 mg
烟酸	5 mg
泛酸钙	5 mg
维生素 B_{12}	0.1 mg
对氨基苯甲酸	5 mg
硫辛酸	5 mg
蒸馏水	1 000 mL

3. 无氧试剂（过滤除菌）

(1) 1%硫化钠和5%碳酸氢钠混合液。

(2) 2.5%乙酸钠。

(3) 25%甲酸钠。

(4) 50%甲醇。

(5) 青霉素液。

4. 其他

(1) *L*-半胱氨酸盐。

(2) 琼脂。

(3) 高纯氮、二氧化碳和氢气钢瓶。

(三) 操作步骤

1. 预还原无氧培养基和稀释液的制备

按配方溶解产甲烷细菌培养基各成分，微量元素液、维生素溶液暂不加入，将该溶液转移至一小口径容器中，如圆底烧瓶等，加热煮沸10 min后（消除部分溶解氧）通入无氧氮气驱氧10 min，再加入*L*-半胱氨酸盐0.5 g，并继续通入氮气，培养基颜色逐渐由紫色或粉红色变为淡黄色，再加入15%～20%的琼脂。（注意：*L*-半胱氨酸盐作为还原剂，用于消除培养基中的溶解氧。刃天青作为氧化还原指示剂，有氧时呈现紫色或粉红色，无氧时变成无色，呈现培养基的颜色。）

将待分装的滚管用氮气驱氧1～2 min，每管分装4.5 mL预还原无氧培养基，边加盖（丁基橡胶塞）边抽出氮气针头。（若发现培养基颜色变红，则说明操作不合格。）用压力架夹紧瓶盖，121℃灭菌20 min，备用。

预还原无氧稀释液的制备方法同培养基，将生理盐水加热煮沸后通入氮气驱氧，厌氧分装于血清瓶或滚管中，丁基橡胶塞密封，灭菌。

2. 样品采集

样品采集前，将广口瓶等样品瓶充满氮气，采集湿地土壤样品，立即放入样品瓶中，并同时插入氮气针头驱氧，盖紧瓶盖后，将样品瓶装入充满氮气的样品袋内，带回实验室。

3. 菌悬液的制备

将装有预还原无氧稀释液的血清瓶放在天平上，边打开瓶塞边将氮气针头插入瓶内驱氧，在同样条件下打开样品瓶塞，快速取一定量的样品放入血浆瓶中，记录样品量。将血浆瓶密封，振荡，使样品均匀分散，静止片刻，取上层悬浮液接种滚管。

4. 样品接种

将灭菌后的滚管培养基溶化，冷却至50℃左右，水浴保温。使用前用无菌注射器分别加入1%硫化钠和5%碳酸氢钠混合液、青霉素、2.5%乙酸钠、25%甲酸钠、50%甲醇各0.1 mL。将无菌注射器用氮气除氧后，吸取0.5 mL菌悬液，迅速注入装有4.5 mL预还原无氧稀释液的滚管中，立即混匀，然后换一只注射器依次进行梯度稀释，稀释程度视样品中产甲烷菌的数量而定。按照MPN计数法的要求，分别取0.5 mL适宜稀释度的菌悬液接种于装有4.5 mL预还原无氧培养基的滚管中，立即混匀。

5. 滚管

在滚管机水槽中加入冰块和水(试管壁浸入水中2～3 mm为宜，而且水位要高出冰块3 mm)，启动滚管机(60～80 r/min)，使滚管匀速转动，琼脂培养基迅速均匀地凝固在滚管内壁上。然后用$H_2:CO_2=5:1$(体积比)的混合气体置换氮气。如果没有混合气体，可先用氢气置换氮气，再注入6 mL CO_2(30 mL的滚管中)。

6. 培养及观察记录

将上述滚管放置于37℃培养10～15天，观察滚管壁上的小菌落，可用解剖镜、放大镜或荧光显微镜观察。如在荧光显微镜下镜检，产甲烷菌会发出蓝绿色荧光。记录各稀释度产甲烷菌的生长情况，查MPN表，计算样品中产甲烷菌的浓度。

特别注意：

因为该实验操作过程中需要高压气体钢瓶，必须严格遵守操作规程，小心使用。而且氢气属于易逸易爆气体，应放置于通风性良好的房间内。

二、甲烷氧化菌的测定

(一) 实验目的

了解甲烷氧化菌的生态功能及检测方法。

（二）实验用品

1. 实验器材

灭菌锅、滚管机、滚管、水浴锅、注射器、锥形瓶、天平、玻璃珠、移液器、培养箱、超净台等。

2. 培养基

（1）NMS 培养基

KNO_3	1.0 g
NH_4Cl	0.2 g
$MgSO_4$	0.2 g
$FeSO_4$	0.001 g
Na_2HPO_4	0.21 g
KH_2PO_4	0.09 g
微量元素液	10 mL
蒸馏水	990 mL
琼脂	15～20 g

（2）微量元素液

$CuSO_4$	0.04 g
H_3BO_3	0.1 g
$NaMoO_4$	0.01 g
$MnSO_4$	0.01 g
$ZnSO_4$	0.03 g
蒸馏水	1 000 mL

为了便于甲烷气体的加入及密闭培养，培养基分装于滚管中，每管 4.5 mL，灭菌备用。

3. 其他

生理盐水、甲烷气等。

（三）操作步骤

1. 样品采集及菌悬液的制备

按照一般土壤样品的采集方法采集湿地土样，置无菌样品瓶中带回实验室。称取 10 g 土样，加入含 90 mL 无菌生理盐水的锥形瓶中（带几粒玻璃珠），振荡混匀 15 min，静止 1 min 后，立即取 1 mL 上清液进行 10 倍系列梯度稀释。

2. 样品接种

将灭菌后的滚管培养基溶化，冷却至 50℃左右，水浴保温。按照 MPN 计数法的要求，将各稀释度的菌液 0.5 mL 接种至滚管中，立即滚管。最后从滚管的异丁基胶塞处注入 5 mL 甲烷气体。

3. 培养及结果记录

将所有滚管置 30℃恒温、密闭培养 7 天，观察并记录细菌生长情况，查 MPN 表，计算样品中甲烷氧化菌的浓度。

三、实验报告

1. 实验结果

请将产甲烷菌和甲烷氧化菌的培养情况记录在下表内，并计算样品中产甲烷菌和甲烷氧化菌的浓度。

表 3-1-3-1　产甲烷菌和甲烷氧化菌测定结果记录表

	产甲烷菌				甲烷氧化菌			
样品稀释度								
重复管数								
有菌生长的管数								
数量指标								
MPN 值								

2. 思考题

(1) 厌氧微生物培养的亨盖特(Hungate)滚管技术的关键操作是什么，为什么？

(2) 请分析产甲烷菌培养基中加入 *L*-半胱氨酸盐、刃天青、硫化钠、青霉素、乙酸钠、甲酸钠、甲醇的作用分别是什么？

(3) 结合相关文献资料，试分析样品湿地中产甲烷菌和甲烷氧化菌对甲烷释放的贡献。

【参考文献】

1. 陈中云，闵航，陈美慈，赵宇华. 不同水稻土甲烷氧化菌和产甲烷菌数量与甲烷排放量之间相关性的研究[J]. 生态学报，2001，21(9)：1498-1505.

2. 黄梦青，张金凤，杨玉盛，杨智杰. 土壤甲烷氧化菌多样性研究方法进展[J]. 亚热带资源与环境学报，2013，8(2)：41-48.

3. 佘晨兴，仝川，王维奇. 互花米草沼泽湿地产甲烷古菌的多样性及垂向分布

[J]. 环境科学学报,2014,34(1):186-193.

4. 徐静. 稻田甲烷排放的微生物群落结构组成及活性初步研究[D]. 合肥:安徽农业大学,2012.

5. 赵斌,何绍江. 微生物学实验[M]. 北京:科学出版社,2008.

6. 周德庆. 微生物学实验教程[M]. 第 2 版. 北京:高等教育出版社,2006.

7. Lee S G, Goo J H, Kim H G, et al. Optimization of methanol biosynthesis from methane using *Methylosinus trichosporium* OB3b [J]. Biotechnology Letters. 2004, 26: 947-950.

8. Mer J L, Roger P. Production, oxidation, emission and consumption of methane by soils: A review [J]. European Journal of Soil Biology. 2001, 37(1): 25-50.

实验 3-1-4 林地土壤中纤维素分解菌的测定

生物多聚物是环境中有机碳的主要组成形式，最常见的多聚物是植物多聚物——纤维素、半纤维素和木质素等，其中，纤维素是地球上最丰富的多聚物，占植物干重的15%～60%，由葡萄糖通过β-1,4-糖苷键连接成的长链大分子，不仅相对分子质量大，而且不溶于水。纤维素在环境中比较稳定，属于难降解有机物，其分解作用主要由纤维素分解菌进行，在自然界碳素循环过程中发挥着重要作用。纤维素的分解必须在细胞外先降解成较小的葡萄糖亚单位才能被细胞吸收和代谢，需要多种纤维素酶的协同作用，β-1,4-内切葡聚糖酶（胞外酶）可以随意水解纤维素大分子，产生越来越小的纤维素分子；β-1,4-外切葡聚糖酶（胞外酶）可以从纤维素的还原端开始连续水解出两个葡萄糖亚单位，即纤维二糖；然后纤维二糖在β-葡萄糖苷酶（又称纤维二糖酶，可存在于胞内外）作用下，水解成葡萄糖，纤维二糖和葡萄糖都可为微生物细胞吸收利用（图 3-1-4-1）。

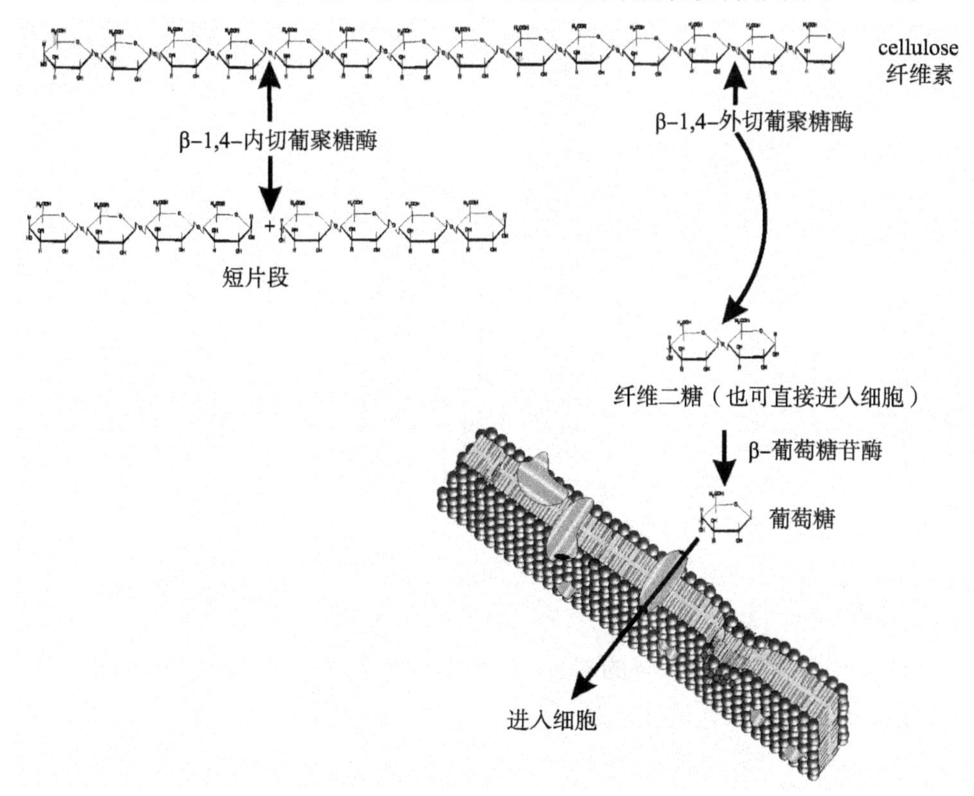

图 3-1-4-1 微生物介导的纤维素分解过程示意图

（引自迈尔等编著，刘和等导读，2010 适当改动）

可分解纤维素的微生物在不同的生态环境中广泛存在，包括细菌、真菌、放线菌的很多类群。在好氧条件下，以真菌占优势，特别是在潮湿土壤中、森林的枯枝落叶中纤维素含量较高的环境中，许多真菌具有很强的纤维素分解能力。在厌氧条件下，厌氧性的细菌发挥重要作用，常见的有奥氏芽孢梭菌(*Clostridium omelianskii*)。另外，在一些草食动物的消化道、反刍动物的瘤胃中，也有很多分解纤维素的厌氧性细菌存在。本实验以林地土壤中纤维素分解菌(好氧)为例，介绍纤维素分解菌的检测过程。

一、实验目的

(1) 了解纤维素分解菌在碳的生物地球化学循环过程中的重要作用。

(2) 掌握纤维素分解菌的检测方法。

二、实验用品

1. 实验器材

灭菌锅、超净台、恒温培养箱、振荡器、试管、锥形瓶、移液器、移液枪头、混合器、酒精灯等。

2. 培养基

赫奇逊(Hutchinson)培养基

$NaNO_3$	2.5 g
KH_2PO_4	1.0 g
$MgSO_4 \cdot 7H_2O$	0.3 g
NaCl	0.1 g
$CaCl_2 \cdot 2H_2O$	0.1 g
$FeCl_3$	0.01 g
琼脂	15～20 g
蒸馏水	1 000 mL
pH	7.2

3. 其他

生理盐水：0.85%～0.90%的 NaCl 溶液，分装于试管中，每管 9 mL，分装于锥形瓶中，每瓶 90 mL，高压灭菌后备用。

三、操作步骤

1. 滤纸的无淀粉处理

若采用平板法测定，需将滤纸剪成与培养皿一样大小的滤纸片。若采用 MPN 法

测定，需将滤纸剪成滤纸条，与试管长度相当。

将剪好的滤纸，首先用1%的醋酸浸泡24 h，用碘液检测无淀粉后，用2%的苏打水洗至中性，晾干。其中，滤纸片需提前灭菌备用。

2. 培养基的制备

好氧纤维素分解菌的平板法测定需配制赫奇逊（Hutchinson）固体平板培养基，MPN法测定需配制液体培养基，分装于试管中，每支试管9 mL，然后将一无淀粉滤纸条贴于试管内壁，灭菌后备用。

3. 样品采集及菌悬液的制备

根据土壤样品采集方法采集校园小树林内表层土壤样品，置无菌样品瓶或样品袋带回实验室。参照实验3-1-1根际微生物特征分析，制备土壤样品的菌悬液，并进行10倍系列梯度稀释。

4. 接种及培养

（1）平板法

采用稀释涂布平板法，选择适宜稀释度（如10^{-1}、10^{-2}、10^{-3}）的菌悬液接种于培养基上，每个稀释度至少接种3个平板。用无菌镊子夹取无菌的无淀粉滤纸片，覆盖于培养基上，并用干净无菌的玻璃刮刀压平。为了保持培养过程的湿度，将培养皿置于盛水干燥器中，28℃保湿培养14天，观察菌落生长情况。

（2）MPN法

选择适宜稀释度（如10^{-1}、10^{-2}、10^{-3}、10^{-4}、10^{-5}）的菌悬液，按照MPN计数法分别接种于试管中，菌悬液需经过液面上滤纸条流入培养基中，同时接种无菌水作为对照，28℃培养14天，观察纤维素分解菌的生长情况。

5. 结果观察计数

（1）平板法

观察培养皿上菌落、黏液（如纤维黏菌，多现黄色或橘黄色）的情况，计算纤维素分解菌的数量。

（2）MPN法

观察各培养管中滤纸条上是否出现菌落、黏液、色素及滤纸条是否变薄、断裂等情况，得出数量指标，查MPN表，计算纤维素分解菌的数量。

四、实验报告

1. 实验结果

请根据平板菌落数或MPN值计算样品中纤维素分解菌的浓度。

2. 思考题

根据你所测定样品中纤维素分解菌的情况，结合采样点附件的环境条件，分析其在碳循环过程中的生态功能。

【参考文献】

1. 李振高，骆永明，滕应. 土壤与环境微生物研究法[M]. 北京：科学出版社，2010.
2. 林先贵. 土壤微生物研究原理与方法[M]. 北京：高等教育出版社，2010.
3. 张甲耀，宋碧玉，陈兰洲，郑连爽. 环境微生物学[M]. 武汉：武汉大学出版社，2008.

实验3-2　淡水环境中的微生物

虽然地球表面70%以上被水所覆盖，但淡水仅占全球总水量的2.53%，主要包括固体冰川、地下水和地表水(河流、湖泊、池塘、沼泽等)。由于不同的淡水水体都有其独特的环境特征，环境的异质性造成水体中微生物群落组成和结构的不同。目前，随着环境污染的加剧，我国大部分城市和地区的淡水资源已经受到了不同程度的污染，造成水质恶化、水资源短缺等问题，因此，保护并合理开发利用有限的淡水资源，已成为普遍关注的重大环境问题。

实验3-2-1　地表水及饮用水的微生物状况分析及评价

随着社会经济的发展和人口数量的增多，污染物的排放量不断增加，地表水和饮用水水源均受到不同程度的污染，严重威胁人类的生活和健康。因此，水质卫生状况分析尤为重要。本实验根据《地表水环境质量标准》(GB 3838-2002)和《生活饮用水卫生标准》(GB 5749-2006)规定的微生物指标要求(表3-2-1-1和表3-2-1-2)分别对本地区地表水及饮用水的微生物状况进行分析及评价。

表3-2-1-1　《地表水环境质量标准》(GB 3838-2002)的微生物指标

	Ⅰ类	Ⅱ类	Ⅲ类	Ⅳ类	Ⅴ类
耐热大肠菌群(个/升)	≤200	≤2 000	≤10 000	≤20 000	≤40 000

表3-2-1-2　《生活饮用水卫生标准》(GB 5749-2006)的微生物指标

微生物指标	限值	说明
细菌总数(CFU/mL)	100	指示一般性污染
总大肠菌群(MPN/100 mL或CFU/100 mL)	不得检出	指示一般性污染
耐热大肠菌群(MPN/100 mL或CFU/100 mL)	不得检出	指示粪便污染
大肠埃希氏菌(MPN/100 mL或CFU/100 mL)	不得检出	指示粪便污染

说明：当水样检出总大肠菌群时，应进一步检验大肠埃希氏菌或耐热大肠菌群；水样未检出总大肠菌群，不必检验大肠埃希氏菌或耐热大肠菌群。

细菌总数指示水质被污染的程度，一般来说，水体中有机物含量越多，细菌数量往往越多。

总大肠菌群(coliform group)主要是指肠杆菌科(*Enterbacteriaceae*)中的4个属，即埃希氏菌属(*Escherichia*)、柠檬酸杆菌属(*Citrobacter*)、克雷伯氏菌属(*Klebsiela*)和肠杆菌属(*Enterobacter*)。这一群菌的致病力不强，具有共同特点：好氧或兼性厌氧、革兰氏染色阴性反应、无芽孢杆菌、37℃培养24～48 h能发酵乳糖产酸产气。大肠菌群普遍存在于人畜肠道内，含量较多，可随排泄物进入水源，而且与多数肠道病原菌存活期相近，易于培养和观察，因此，可根据水中大肠菌群的数量作为粪便污染的指示，并可由此间接推测受肠道病原菌污染的可能性。总大肠菌群中的细菌除了来自于人畜肠道外，在自然的水体与土壤中也经常存在，即在非粪便污染的情况下，也可能检出这些细菌，但自然环境中大肠菌群生长的最适温度为25℃，如培养温度升高至37℃仍可生长，但继续升高至44.5℃则不可生长，而来自粪便的大肠菌群，最适生长温度为37℃，如将培养温度升高至44.5℃仍可继续生长。因此，可用提高培养温度的方法将自然环境中的大肠菌群与粪便中的大肠菌群区分开来，并称之为耐热大肠菌群，作为水质受粪便污染的重要的指示菌。耐热大肠菌群主要由埃希氏菌属组成，在埃希氏菌属中与人类生活密切相关的仅有一个种，即大肠埃希氏菌，大肠埃希氏菌又称大肠杆菌或普通大肠杆菌，它是人畜肠道中的正常寄生菌。作为水质粪便污染的最佳指示菌，大肠埃希氏菌检出的意义最大，其次是耐热大肠菌群，总大肠菌群的检测意义略差一些。总大肠菌群、耐热大肠菌群和大肠埃希氏菌的关系见图3-2-1-1。

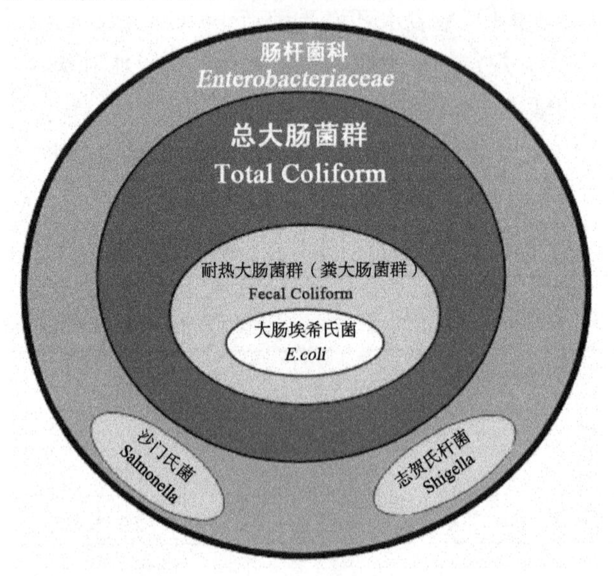

图3-2-1-1　微生物污染的三个指示菌关系图

(引自迈尔等编著，刘和等导读，2010)

一、细菌总数的测定

（一）实验目的

（1）了解生活饮用水或水源水中菌落总数测定的意义。

（2）了解样品水质微生物污染情况。

（二）实验用品

1. 实验器材

灭菌锅、恒温培养箱、电炉、天平、pH 计、采样瓶、试管、平皿、枪头、移液器等。

2. 培养基

牛肉膏蛋白胨固体平板培养基。

3. 试剂

硫代硫酸钠。

（三）操作步骤

1. 样品采集

自来水采集前，首先要将水龙头灼烧或用 75%的酒精进行灭菌处理，然后打开水龙头放水 3～5 min，以排出水管道中积存的死水和滞留的杂质，然后用无菌锥形瓶取适量水样。由于生活饮用水通常都是经氯处理消毒的，为避免水中余氯对微生物的影响，在采集的水样中加入 1.5%的硫代硫酸钠脱氯，使受损的细菌得以复苏与修复，从而避免计数结果偏低的现象。采集的样品应立即处理分析。

水库、河流等地表水样品采集，可将采样瓶插入水面下 10～15 cm 处，使瓶口方向朝向水流方向，打开瓶盖，水样进入采样瓶。若无水流，应将采样瓶口打开的同时，将采样瓶水平前推。采集的水样盖好瓶盖，立即处理分析。

2. 样品接种

若水样较清洁，一般可按照稀释涂布平板法直接接种 3～5 个平板，同时做空白对照。若样品中细菌含量较高，应将样品梯度稀释后，选择适宜的浓度梯度，按照稀释涂布平板法分别接种 3～5 个平板，同时做空白对照。

3. 培养和计数

将培养皿倒置于 37℃培养箱中培养 48 h，按照菌落计数原则记录平板上的菌落数，并计算样品中细菌浓度。

（四）实验报告

1. 实验结果

根据平板菌落数，计算地表水或饮用水中的细菌浓度。

2. 思考题

你所测定的水样中微生物污染情况如何？是否符合生活饮用水卫生标准？

二、总大肠菌群的测定

总大肠菌群测定常用的传统方法有多管发酵法和滤膜法，多管发酵法沿用已久，是通过初发酵和复发酵两个步骤，以证实水样中是否存在大肠菌群并测定其数目，广泛适用于各种样品的检测，而滤膜法仅适用于杂质较少的样品。这两种方法都存在着检测周期长、操作过程烦琐等缺点。现行国标中最新推荐的酶底物法，是一种便捷、快速的大肠菌群检测方法，可以较好地弥补传统方法的不足，对水质状况作出快速评价。

多管发酵法和滤膜法所使用的培养基含有乳糖，乳糖对大肠菌群起选择作用，很多细菌不能发酵乳糖，而大肠菌群能发酵乳糖产酸产气。在多管发酵法中为便于观察细菌的产酸情况，在培养基中加入溴甲酚紫作为 pH 指示剂，细菌发酵乳糖产酸后，培养基即由原来的紫色变为黄色；溴甲酚紫还有抑制其他细菌如芽孢细菌生长的作用；为了便于观察细菌的产气情况，在发酵管内加入一杜氏小管，发酵产气后，杜氏小管内有气泡出现；为了进一步证实大肠菌群的存在，一般使用伊红美蓝琼脂培养基（EMB），该培养基含有乳糖和伊红、美蓝两种染料（指示剂），大肠菌群发酵乳糖造成酸性环境时，两种染料即结合成深紫色复合物，使大肠菌群产生典型的菌落特征。滤膜法采用品红亚硫酸钠培养基，含有乳糖及碱性品红染料（指示剂），碱性品红可被培养基中的亚硫酸钠还原，使其退色，使培养基呈淡粉红色，当大肠菌群发酵乳糖后产生的酸和乙醛即和品红反应，形成深红色复合物，使大肠菌群产生典型的菌落特征；另外，亚硫酸钠还可抑制其他杂菌的生长。

另外，大肠菌群能特异性地产生 β-半乳糖苷酶，分解色原底物 ONPG（邻硝酸苯-β-*D*-吡喃半乳糖苷），释放出色原体，使培养液由无色变成黄色（彩图 7），酶底物法即采用该原理进行总大肠菌群的检测。

该实验以广泛应用的多管发酵法为例，介绍地表水或饮用水中总大肠菌群的检测方法。

（一）实验目的

（1）了解总大肠菌群的测定方法及原理。

（2）了解总大肠菌群检测的意义。

（二）实验用品

1. 实验器材

高压蒸汽灭菌锅、恒温培养箱、超净工作台、接种环、天平、试管、发酵倒管、移液器、枪头、采样瓶、锥形瓶等。

2. 试剂

(1) 溴甲酚紫乙醇溶液(16 g/L)：先将溴甲酚紫溶于少量乙醇中，然后加入蒸馏水至终浓度。

(2) 碳酸钠溶液(1 mol/L)：称取 10.6 g 碳酸钠溶于 100 mL 蒸馏水中。

(3) 伊红水溶液(20 g/L)：伊红又叫曙红 Y。称取 2.0 g 伊红溶于 100 mL 无菌蒸馏水中，使用前过滤除菌。

(4) 美蓝水溶液(5 g/L)：碱性美蓝又叫亚甲基兰。称取 0.5 g 美蓝溶于 100 mL 无菌蒸馏水中，使用前过滤除菌。

(5) 革兰氏染色试剂(见细菌染色及形态观察实验)。

3. 培养基

(1) 乳糖蛋白胨培养液(1×)

蛋白胨	10.0 g
牛肉膏	3.0 g
乳糖	5.0 g
NaCl	5.0 g
溴甲酚紫乙醇溶液	1 mL
蒸馏水	1 000 mL
pH	7.2～7.4(用碳酸钠调整)

将溴甲酚紫乙醇溶液以外的其他成分溶于蒸馏水中，调 pH 为 7.2～7.4，再加入 1 mL 溴甲酚紫乙醇溶液，充分混匀，分装于装有杜氏小管的发酵管中，每管 10 mL，115℃高压灭菌 20 min，备用。

浓缩乳糖蛋白胨培养液(2×)按照乳糖蛋白胨培养液(1×)的配方和程序进行配制，仅将蒸馏水的量减半即可。

(2) 伊红美蓝培养基(EMB)

蛋白胨	10 g
K_2HPO_4	2 g
乳糖	10 g
伊红水溶液(20 g/L)	20 mL
美蓝水溶液(5 g/L)	13 mL

琼脂　　15～20 g
蒸馏水　　1 000 mL

先将蛋白胨、K_2HPO_4 溶解后，调 pH 至 7.2，再加入乳糖和琼脂，加热溶解后分装，115℃高压灭菌 20 min。冷却至 50℃～55℃，再加入无菌的伊红、美蓝溶液，混匀，立即制成平板，备用。

4. 其他

生理盐水：0.85%～0.90%的 NaCl 溶液，分装于试管中，每管 9 mL。

（三）操作步骤（彩图 9）

1. 样品采集

按照以上方法进行地表水或饮用水样品的采集。

2. 初发酵

按下表接种水样，进行初发酵。

表 3-2-1-3　初发酵水样接种程序

序号	接种量(mL)	接种培养液	接种管数
1	10	乳糖蛋白胨培养液(2×，10 mL)	5
2	1	乳糖蛋白胨培养液(1×，10 mL)	5
3	0.1	乳糖蛋白胨培养液(1×，10 mL)	5

注意：

（1）若样品水质较好，可只接种 5 管 10 mL 的乳糖蛋白胨培养液(2×)，每管接种样品 10 mL。

（2）若样品水质较差，污染严重，应将样品进行 10 倍系列梯度稀释，选择适宜的稀释度，按照上表进行接种，最终结果应乘以稀释倍数。

将以上接种管置 37℃培养 24 h，观察培养情况：

（1）若杜氏小管中有气泡形成，并且培养基浑浊，颜色改变（紫色→黄色），则为阳性结果。由于除大肠菌群以外，可能存在其他类型的细菌在培养过程中也会出现产酸产气的阳性结果，所以需对阳性结果继续进行以下实验，以确定是否是大肠菌群。

（2）若培养液颜色未改变，或仅表现为紫色变淡，杜氏小管中也无气泡形成，则为阴性结果。

（3）若培养液仅产酸不产气的，可能因为菌量较少，需继续培养至 48 h，48 h 后仍不产气的则为阴性结果。

3. 平板培养及染色镜检

从产酸产气的阳性初发酵管中取菌液划线接种或点种于伊红美蓝琼脂平板上，于

37℃培养 24 h,将符合下列特征的菌落进行涂片、革兰氏染色和镜检。

(1) 深紫黑色、有金属光泽的菌落——典型的大肠杆菌菌落。

(2) 紫黑色,不带或略带金属光泽的菌落。

(3) 淡紫红色、中心紫色的菌落——可能是肠杆菌科中其他属的细菌,因产酸较弱,出现上菌落特征。

4. 复发酵

经革兰氏染色阴性的无芽孢杆菌,重新接种于乳糖蛋白胨培养液(1×)中,置37℃培养 24 h,结果若产酸又产气,即为大肠菌群阳性。

5. 结果计算

根据复发酵实验的阳性管数,查大肠杆菌 MPN 检索表Ⅰ或Ⅱ,计算水样中总大肠菌群数。

(四) 实验报告

1. 实验结果

请将不同接种量各发酵管的阳性情况记录在下表内,依据阳性管数查大肠杆菌 MPN 检索表Ⅰ或Ⅱ,并计算水样中总大肠菌群数。

表 3-2-1-4 样品中总大肠菌群测定结果记录表

样品号	稀释倍数	接种量(mL)	阳性管数	MPN 值	原水样总大肠菌群数(个/毫升)
1		10			
		1			
		0.1			
2		10			
		1			
		0.1			

2. 思考题

(1) 你所测定的水样中总大肠菌群污染情况如何?是否符合生活饮用水卫生标准?

(2) 请分析水样中总大肠菌群检测的意义。

(3) 请分析多管发酵法检测样品中总大肠菌群的优缺点。

三、耐热大肠菌群的测定

耐热大肠菌群的测定类似于总大肠菌群,也有多管发酵法及滤膜法,该实验以广泛应用的多管发酵法为例,介绍地表水或饮用水中耐热大肠菌群的检测方法。

（一）实验目的

了解耐热大肠菌群检测的意义及检测方法。

（二）实验用品

1. 实验器材

高压蒸汽灭菌锅、恒温培养箱、超净工作台、接种环、天平、试管、发酵倒管、移液器、采样瓶、锥形瓶等。

2. 培养基

（1）EC 培养基

胰蛋白胨	20 g
乳糖	5.0 g
3 号胆盐或混合胆盐	1.5 g
K_2HPO_4	4.0 g
KH_2PO_4	1.5 g
NaCl	5.0 g
蒸馏水	1 000 mL
pH	6.9

培养基配好后，分装于带有杜氏小管的试管中，每管 10 mL，115℃灭菌 20 min，备用。

（2）乳糖蛋白胨培养液

同上。

（3）伊红美蓝琼脂培养基

同上。

（三）操作步骤

1. 样品采集

样品采集方法同上。

2. 样品分析

初发酵实验按照总大肠菌群数的检测方法进行，将发酵管置 44.5℃培养 24 h，从各阳性管中分别取菌液接种于 EC 培养基中，再置 44.5℃培养 24 h，将产气的发酵液接种于伊红美蓝琼脂平板，于 44.5℃培养 24 h，根据平板菌落特征，确定是否为耐热大肠菌群。查大肠杆菌 MPN 检索表Ⅰ或Ⅱ，计算水样中耐热大肠菌群数。

若已经进行总大肠菌群检测，可直接从总大肠菌群阳性管中分别取菌液，直接接种于 EC 培养基中，再按照上述过程进行操作。

（四）实验报告

1. 实验结果

请将耐热大肠菌群各发酵管阳性情况记录在下表内，依据阳性管数查大肠杆菌

MPN 检索表Ⅰ或Ⅱ，计算水样中耐热大肠菌群数。

表 3-2-1-5　样品中耐热大肠菌群测定结果记录表

样品号	稀释倍数	接种量(mL)	阳性管数	MPN 值	原水样耐热大肠菌群数(个/毫升)
1		10			
		1			
		0.1			
2		10			
		1			
		0.1			

2. 思考题

(1) 你所测定的水样中耐热大肠菌群污染情况如何？你的样品属于哪一类地表水？

(2) 请分析耐热大肠菌群检测的意义。

四、大肠埃希氏菌的测定

大肠埃希氏菌的检测方法类似于总大肠菌群，有多管发酵法、滤膜法和酶底物法，该实验以多管发酵法为例介绍地表水或饮用水中大肠埃希氏菌的检测方法。由于大肠埃希氏菌能特异性产生 β-葡萄糖醛酸酶，分解 MUG(4-甲基伞形酮-β-*D*-葡萄糖醛酸苷)，释放出荧光产物 4-甲基伞形酮，使培养液在波长 366 nm 紫外光下产生蓝色荧光(彩图 7)，因而可以在培养液中加入 MUG，从而快速判断样品中是否含有大肠埃希氏菌。

(一) 实验目的

了解大肠埃希氏菌检测的意义及检测方法、原理。

(二) 实验用品

1. 实验器材

紫外灯，其他同总大肠杆菌多管发酵法。

2. 培养基

(1) EC-MUG 培养基

每 1 000 mL EC 培养基中加入 4-甲基伞形酮-β-*D*-葡萄糖醛酸苷(MUG)0.05 g，在 366 nm 紫外光下检测培养基，如果无自发荧光，分装于试管中，每管 10 mL，115℃

高压灭菌 20 min。

(2) 乳糖蛋白胨培养液

同上。

(三) 操作步骤

按照总大肠菌群初发酵的程序接种乳糖蛋白胨培养液，再从初发酵阳性管中取菌液接种至 EC-MUG 试管中，置 44.5℃培养 24 h，将发酵管在暗处用波长 366 nm 的紫外光照射，如果有蓝色荧光产生则证明有大肠埃希氏菌生长，根据大肠埃希氏菌阳性管数，查大肠杆菌 MPN 检索表Ⅰ或Ⅱ，计算水样中大肠埃希氏菌数。

(四) 实验报告

1. 实验结果

请将大肠埃希氏菌各发酵管阳性情况记录在下表内，依据阳性管数查大肠杆菌 MPN 检索表Ⅰ或Ⅱ，计算水样中大肠埃希氏菌数。

表 3-2-1-6 样品中大肠埃希氏菌测定结果记录表

样品号	稀释倍数	接种量(mL)	阳性管数	MPN 值	原水样耐热大肠菌群数(个/毫升)
1		10			
		1			
		0.1			
2		10			
		1			
		0.1			

2. 思考题

(1) 你所测定的水样中大肠埃希氏菌污染情况如何？是否符合生活饮用水卫生标准？

(2) 请分析大肠埃希氏菌检测的意义。

【参考文献】

1. GB 3838-2002，地表水环境质量标准[S].

2. GB 5749-2006，生活饮用水卫生标准[S].

3. GB/T 5750.12-2006，生活饮用水标准检验方法微生物指标[S].

4. 马放，任南琪，杨基先. 污染控制微生物学实验[M]. 哈尔滨：哈尔滨工业大学出版社，2006.

5. 沈萍，陈向东. 微生物学实验[M]. 第 4 版. 北京：高等教育出版社，2008.

6. 肖琳，杨柳燕，尹大强，张敏跃. 环境微生物实验技术[M]. 北京：中国环境科学出版社，2004.

7. 周德庆. 微生物学实验教程[M]. 第 2 版. 北京：高等教育出版社，2006.

附：

大肠菌群 MPN 检索表Ⅰ——多管发酵法

（总接种量 50 mL，每份接种 10 mL 水样，共接种 5 份）

5 个 10 mL 管中的阳性管数	最可能数(MPN/100 mL)
0	＜2.2
1	2.2
2	5.1
3	9.2
4	16.0
5	＞16

大肠菌群 MPN 检索表Ⅱ——多管发酵法

（总接种量 55.5 mL，其中 5 份 10 mL 水样，5 份 1 mL 水样，5 份 0.1 mL 水样）

接种量(mL)			总大肠菌群(MPN/100 mL)	接种量(mL)			总大肠菌群(MPN/100 mL)
10	1	0.1		10	1	0.1	
0	0	0	＜2	1	0	0	2
0	0	1	2	1	0	1	4
0	0	2	4	1	0	2	6
0	0	3	5	1	0	3	8
0	0	4	7	1	0	4	10
0	0	5	9	1	0	5	12
0	1	0	2	1	1	0	4
0	1	1	4	1	1	1	6
0	1	2	6	1	1	2	8
0	1	3	7	1	1	3	10
0	1	4	9	1	1	4	12
0	1	5	11	1	1	5	14
0	2	0	4	1	2	0	6

续表

接种量(mL)			总大肠菌群	接种量(mL)			总大肠菌群
10	1	0.1	(MPN/100 mL)	10	1	0.1	(MPN/100 mL)
0	2	1	6	1	2	1	8
0	2	2	7	1	2	2	10
0	2	3	9	1	2	3	12
0	2	4	11	1	2	4	15
0	2	5	13	1	2	5	17
0	3	0	6	1	3	0	8
0	3	1	7	1	3	1	10
0	3	2	9	1	3	2	12
0	3	3	11	1	3	3	15
0	3	4	13	1	3	4	17
0	3	5	15	1	3	5	19
0	4	0	8	1	4	0	11
0	4	1	9	1	4	1	13
0	4	2	11	1	4	2	15
0	4	3	13	1	4	3	17
0	4	4	15	1	4	4	19
0	4	5	17	1	4	5	22
0	5	0	9	1	5	0	13
0	5	1	11	1	5	1	15
0	5	2	13	1	5	2	17
0	5	3	15	1	5	3	19
0	5	4	17	1	5	4	22
0	5	5	19	1	5	5	24
2	0	0	5	3	0	0	8
2	0	1	7	3	0	1	11
2	0	2	9	3	0	2	13
2	0	3	12	3	0	3	16
2	0	4	14	3	0	4	20
2	0	5	16	3	0	5	23

续表

接种量(mL)			总大肠菌群(MPN/100 mL)	接种量(mL)			总大肠菌群(MPN/100 mL)
10	1	0.1		10	1	0.1	
2	1	0	7	3	1	0	11
2	1	1	9	3	1	1	14
2	1	2	12	3	1	2	17
2	1	3	14	3	1	3	20
2	1	4	17	3	1	4	23
2	1	5	19	3	1	5	27
2	2	0	9	3	2	0	14
2	2	1	12	3	2	1	17
2	2	2	14	3	2	2	20
2	2	3	17	3	2	3	24
2	2	4	19	3	2	4	27
2	2	5	22	3	2	5	31
2	3	0	12	3	3	0	17
2	3	1	14	3	3	1	21
2	3	2	17	3	3	2	24
2	3	3	20	3	3	3	28
2	3	4	22	3	3	4	32
2	3	5	25	3	3	5	36
2	4	0	15	3	4	0	21
2	4	1	17	3	4	1	24
2	4	2	20	3	4	2	28
2	4	3	23	3	4	3	32
2	4	4	25	3	4	4	36
2	4	5	28	3	4	5	40
2	5	0	17	3	5	0	25
2	5	1	20	3	5	1	29
2	5	2	23	3	5	2	32
2	5	3	26	3	5	3	37
2	5	4	29	3	5	4	41

续表

接种量(mL)			总大肠菌群(MPN/100 mL)	接种量(mL)			总大肠菌群(MPN/100 mL)
10	1	0.1		10	1	0.1	
2	5	5	32	3	5	5	45
4	0	0	13	5	0	0	23
4	0	1	17	5	0	1	31
4	0	2	21	5	0	2	43
4	0	3	25	5	0	3	58
4	0	4	30	5	0	4	76
4	0	5	36	5	0	5	95
4	1	0	17	5	1	0	33
4	1	1	21	5	1	1	46
4	1	2	26	5	1	2	63
4	1	3	31	5	1	3	84
4	1	4	36	5	1	4	110
4	1	5	42	5	1	5	130
4	2	0	22	5	2	0	49
4	2	1	26	5	2	1	70
4	2	2	32	5	2	2	94
4	2	3	38	5	2	3	120
4	2	4	44	5	2	4	150
4	2	5	50	5	2	5	180
4	3	0	27	5	3	0	79
4	3	1	33	5	3	1	110
4	3	2	39	5	3	2	140
4	3	3	45	5	3	3	180
4	3	4	52	5	3	4	210
4	3	5	59	5	3	5	250
4	4	0	34	5	4	0	130
4	4	1	40	5	4	1	170
4	4	2	47	5	4	2	220
4	4	3	54	5	4	3	280

续表

接种量(mL)			总大肠菌群(MPN/100 mL)	接种量(mL)			总大肠菌群(MPN/100 mL)
10	1	0.1		10	1	0.1	
4	4	4	62	5	4	4	350
4	4	5	69	5	4	5	430
4	5	0	41	5	5	0	240
4	5	1	48	5	5	1	350
4	5	2	56	5	5	2	540
4	5	3	64	5	5	3	920
4	5	4	72	5	5	4	1 600
4	5	5	81	5	5	5	>1 600

实验 3-2-2 人工湖中光合细菌(紫色非硫细菌)的测定

光合细菌(photosynthetic bacteria, PSB)是一大类能进行光合作用的原核生物的总称。它们在地球上出现最早,在自然界中分布广泛,具有原始的光能合成体系。根据它们所含光合色素和电子供体的不同,可分为产氧光合细菌和不产氧光合细菌两大类群。产氧光合细菌主要是指蓝细菌。不产氧光合细菌是一类以光作为能源,能在厌氧光照或好氧黑暗条件下利用自然界中的有机物、硫化物、氨等作为供氢体兼碳源进行不产氧光合作用的微生物,属于革兰氏阴性菌,其细胞内有一个光系统,即 PSI。

不产氧光合细菌主要包括着色菌科(红硫菌科,又称红色或紫色硫细菌)、绿菌科(又称绿硫细菌)、红螺菌科(又称红色或紫色非硫细菌)、绿屈桡菌科(又称滑行丝状绿色非硫细菌),其中,着色菌科、绿菌科为厌氧型光合细菌,在有 CO_2 和 H_2S 情况下光能无机自养生长,着色菌科在细胞内积累硫黄颗粒,绿菌科在细胞外积累硫黄颗粒。红螺菌科和绿屈桡菌科在厌氧光照条件下,能利用各种有机碳化合物为碳源和供氢体,通过光合磷酸化产生能量,属于光能异养型(在黑暗的厌氧条件下不能生长),在细胞内外均无硫颗粒积累。两个科中的某些种也能在只有 CO_2 和 H_2S 情况下进行光能自养生长。另外,红螺菌科在黑暗、有氧条件下,绿屈桡菌科在好气条件下,无论有无光照,均可以通过氧化磷酸化产生能量,在复合培养基上很好地生长。

目前,红螺菌科的细菌是研究广泛的光合细菌,它可通过光合作用把 CO_2 转变成有机碳,可通过光异养生长分解有机物,可通过光自养生长利用 H_2S,另外还有固氮、脱氮等功能,因而具有丰富的代谢多样性,在环境污染净化方面具有重要的生态功能,在自然界碳、氮、硫循环中发挥重要的作用,广泛分布于自然界的土壤、河流、湖泊、沼泽等处,主要分布于有机质丰富的水生环境中光线能透射到的缺氧区。本实验以红螺菌科的紫色非硫细菌为代表,介绍光合细菌的测定方法。使用较多的有双层平板法、MPN 法和采用厌氧光合装置平板培养法,由于 MPN 法受培养条件和其他杂菌的干扰较大,厌氧光合装置平板培养法则需要特殊的厌氧光合培养装置,在此介绍简单易行的双层平板法。

一、实验目的

(1) 了解光合细菌的分类及其重要的生态功能。

(2) 掌握紫色非硫细菌的测定方法。

二、实验用品

1. 实验器材

灭菌锅、超净台、恒温培养箱、振荡器、试管、锥形瓶、移液器、混合器、酒精灯等。

2. 培养基

(1) 紫色非硫细菌培养基

NH_4Cl	1 g
KH_2PO_4	0.2 g
丁二酸钠	1 g
$MgSO_4 \cdot 7H_2O$	0.2 g
Na_2CO_3	0.2 g
酵母膏	0.1 g
无机盐溶液	1 mL
维生素溶液	1 mL
琼脂	15～20 g
水	1 000 mL
pH	7.0

将维生素液外的其他成分配制好后，分装于试管中，每管 20 mL，高压灭菌，45℃保温，临用前加入过滤除菌的维生素溶液，备用。

(2) 无机盐溶液

EDTA	0.5 g
$FeSO_4 \cdot 7H_2O$	0.2 g
$ZnSO_4 \cdot 7H_2O$	0.01 g
$MnCl_2 \cdot 4H_2O$	0.003 g
H_3BO_3	0.03 g
$CaCl_2 \cdot 2H_2O$	0.02 g
$NiCl_2 \cdot 6H_2O$	0.002 g
$CuCl_2 \cdot 2H_2O$	0.001 g
$Na_2MoO_4 \cdot 2H_2O$	0.003 g
蒸馏水	1 000 mL
pH	3.0(HCl 调节)

(3) 维生素溶液

抗坏血酸钠	0.5 g
生物素	0.002 g
对氨基苯甲酸	0.01 g
维生素 B_6	0.05 g
蒸馏水	1 000 mL
pH	7.0

3. 其他

(1) 生理盐水:0.85%～0.90%的 NaCl 溶液,分装于试管中,每管 9 mL,分装于锥形瓶中,每瓶 90 mL,高压灭菌后备用。

(2) 无菌固体石蜡,55℃～60℃保温备用。

三、操作步骤

1. 样品采集

按照水样采集方法,用无菌样品瓶采集校园人工湖水样品,带回实验室。

2. 接种

将样品进行 10 倍系列梯度稀释,取一定稀释度的菌悬液 100 μL 加入到无菌培养皿中,按照稀释混合平板法的操作,再加入 45℃保温的培养基 20 mL,待培养基凝固后,再在其上加入 55℃～60℃保温的固体石蜡,轻轻摇动后,使其均匀覆盖在固体培养基上面,造成厌氧环境(注意培养皿边缘的密封情况)。每个稀释度至少接种 3 个平板。

3. 培养及结果观察计数

将培养皿倒置于 28℃、2 400 lx 光照下培养 7～10 天,观察紫色非硫细菌的生长情况,并记录菌落数量。紫色非硫细菌菌落常呈棕红色、紫色或茶褐色。

四、实验报告

1. 实验结果

请根据平板菌落数计算样品中紫色非硫细菌的浓度。

2. 思考题

根据紫色非硫细菌的测定结果,结合采样点的环境特征,分析光合细菌的生态功能。

【参考文献】

1. 李振高,骆永明,滕应. 土壤与环境微生物研究法[M]. 北京:科学出版社,2010.

2. 林先贵. 土壤微生物研究原理与方法[M]. 北京:高等教育出版社,2010.

3. 钱存柔,黄仪秀. 微生物学实验教程[M]. 第 2 版. 北京:北京大学出版社,2008.

4. 周佳. 星云湖中紫色非硫光合细菌的生态分布特征及初步应用[D]. 昆明:云南师范大学,2006.

实验 3-2-3　富营养化水体中氮循环菌的特征分析

水体的富营养化问题已成为全球关注的重要环境问题之一，富营养化的产生主要是由于人为因素所造成水体中超负荷的有机物、氮、磷等营养物质的输入，引起藻类的异常繁殖、生物群落结构的改变，最终导致水生生态系统的破坏。其中，氮是引起富营养化问题的重要元素之一，水体中的氮循环过程将直接影响系统的营养状态。

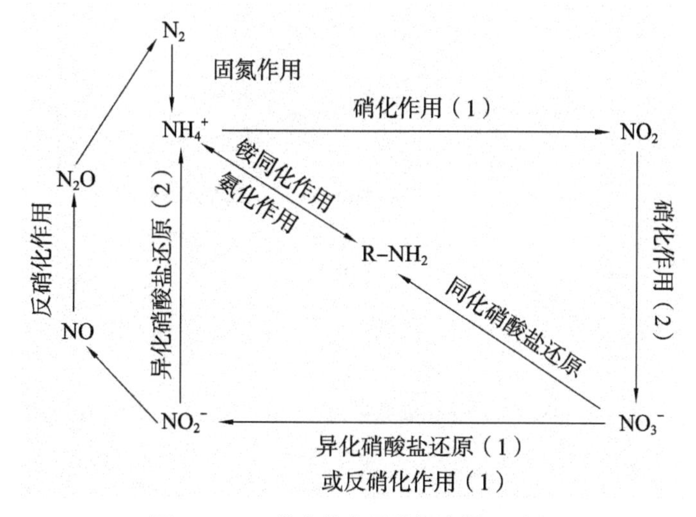

图 3-2-3-1　微生物介导的氮素循环过程

（引自迈尔等编著，刘和等导读，2010）

微生物介导的氮素循环过程（图 3-2-3-1）主要包括固氮作用、铵同化作用、氨化作用、硝化作用和反硝化作用，所涉及的微生物主要包括固氮细菌、氨化细菌、硝化细菌和反硝化细菌，但对于富营养化水体来说，固氮作用可以忽略。

氨化细菌是能分解含氮有机物（如：蛋白质、核酸等）产生氨的一类微生物，分布广泛，种类较多，无论在有氧或无氧条件下，均会有不同的微生物参与氨化作用。

硝化细菌包括氨氧化细菌（亚硝化细菌）和亚硝酸氧化细菌（硝酸化细菌），氨氧化细菌能将氨氧化成亚硝酸，然后在亚硝酸氧化细菌作用下继续氧化成硝酸，两个阶段都是需氧的。硝化细菌属于无芽孢的革兰氏阴性细菌，大多数为专性化能自养型，而且生长较缓慢。

反硝化细菌能够以不同的途径还原环境中的硝酸盐，还原途径包括同化硝酸盐还原（或称硝酸盐固定）和异化硝酸盐还原，异化硝酸盐还原又分为产铵异化硝酸盐还原（发酵性硝酸盐还原）和脱氮作用（呼吸性硝酸盐还原）。广义的反硝化作用即包括硝酸盐的各类还原作用，而狭义的反硝化作用特指脱氮作用。同化硝酸盐还原是硝酸盐被还原成亚硝酸盐和铵，这个过程受环境中氨和还原性有机物的抑制。异化硝酸盐还原是兼性化能异养微生物在好氧、微好氧或厌氧条件下利用硝酸盐作为末端电子受体来氧化有机化合物。其中，产铵异化硝酸盐还原(DNRA)的最终产物是铵，主要发生在碳源丰富的环境中，脱氮作用主要发生在碳源有限的环境中(图 3-2-3-2)，共包含 4 个酶促反应过程(图 3-2-3-3)：$NO_3^- \rightarrow NO_2^- \rightarrow NO \rightarrow N_2O \rightarrow N_2$，产物为气态氮化物($N_2O$ 或 N_2)，释放进入大气中，从而减少富营养化水体中的氮负荷。

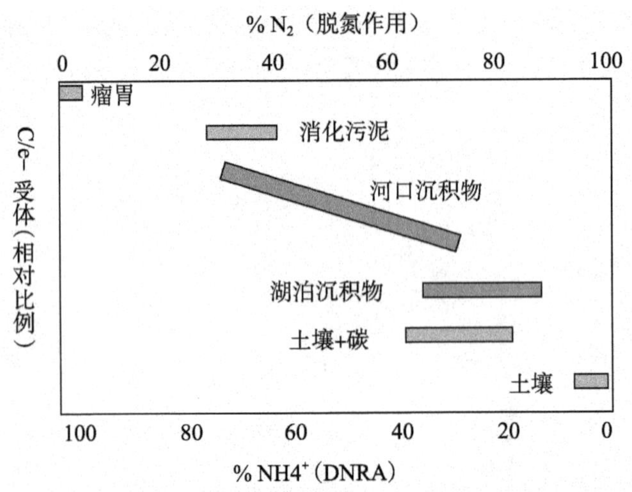

图 3-2-3-2　不同环境下硝酸盐还原在脱氮作用和 DNRA 中的分配

(Tiedje J M，1988. 引自迈尔等编著，刘和等导读，2010)

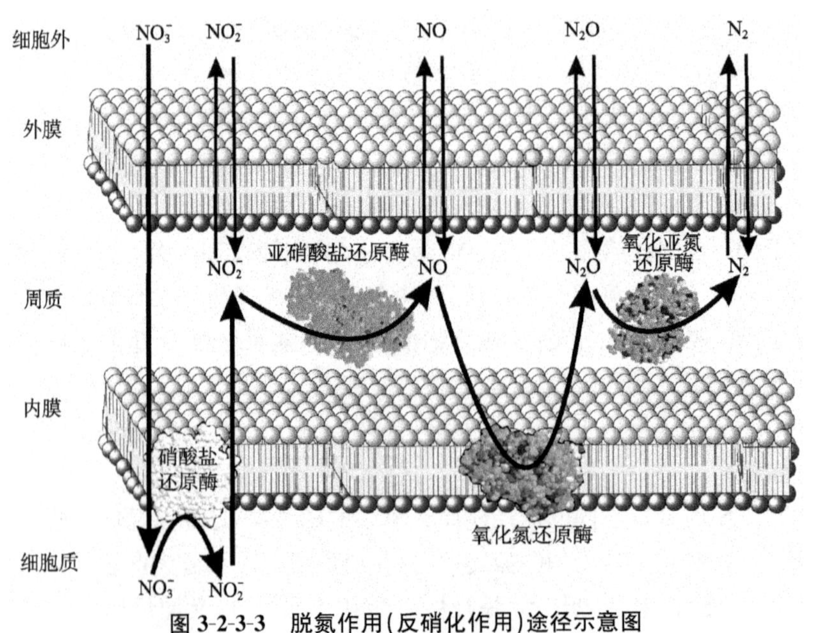

图 3-2-3-3　脱氮作用(反硝化作用)途径示意图

(Myrold D D，1998. 引自迈尔等编著，刘和等导读，2010)

氮循环相关微生物的定量检测分析方法除了传统的培养法外，还有荧光定量PCR及荧光原位杂交法，利用不同微生物类群的特异性引物或探针分别分析，可参照前述相关实验程序进行。该实验为了避免重复，主要介绍传统的培养法。

一、实验目的

（1）了解氮循环菌的生态功能及其在富营养化水体氮循环过程中的重要作用。

（2）掌握氮循环菌的检测方法。

二、实验用品

1. 实验器材

灭菌锅、超净台、恒温培养箱、振荡器、培养皿、试管、锥形瓶、涂布棒、移液器、混合器、酒精灯等。

2. 培养基

（1）蛋白胨氨化培养基（氨化细菌）

蛋白胨	5.0 g
KH_2PO_4	0.5 g
K_2HPO_4	0.5 g
$MgSO_4 \cdot 7H_2O$	0.5 g
蒸馏水	1 000 mL
pH	7.0

（2）改良的斯蒂芬逊（Stephenson）培养基A（氨氧化细菌）

$(NH_4)_2SO_4$	2.0 g
$MnSO_4 \cdot 4H_2O$	0.01 g
$MgSO_4 \cdot 7H_2O$	0.03 g
NaH_2PO_4	0.25 g
K_2HPO_4	0.75 g
$CaCO_3$	5.0 g
蒸馏水	1 000 mL
pH	7.2

（3）改良的斯蒂芬逊（Stephenson）培养基B（亚硝酸氧化细菌）

$NaNO_2$	1 g
$NaCO_3$	1 g
K_2HPO_4	0.75 g

NaH_2PO_4	0.25 g
$MgSO_4 \cdot 7H_2O$	0.03 g
$MnSO_4 \cdot 4H_2O$	0.01 g
$CaCO_3$	1.0 g
蒸馏水	1 000 mL
pH	7.2

(4) 反硝化菌培养基

柠檬酸钠	5.0 g
KNO_3	2.0 g
K_2HPO_4	1.0 g
KH_2PO_4	1.0 g
$MgSO_4 \cdot 7H_2O$	0.2 g
蒸馏水	1 000 mL
pH	7.2～7.5

将各培养基分别配好后，分装于试管中，每管 9 mL，反硝化细菌培养基需另加一杜氏小管，灭菌后备用。

3. 试剂

(1) 奈氏试剂(Nessler's reagent)

甲液：2 g KI 溶于 5 mL 蒸馏水中，再加入 HgI_2 至饱和(约需 32 g)；

乙液：将 12.4 g KOH 溶于约 40 mL 蒸馏水中。

将两者混合，加水至 100 mL，保存于棕色瓶中备用。

(2) 格利斯试剂(Griess reagent)

甲液：对氨基苯磺酸	0.5 g
醋酸(200 g/L，10%左右)	150 mL
乙液：α-萘胺	0.1 g
蒸馏水	20 mL
醋酸(200 g/L，10%左右)	150 mL

(3) 二苯胺试剂

0.5 g 二苯胺(Diphenylamine)溶于 100 mL 浓 H_2SO_4 中，再加入 20 mL 蒸馏水稀释，保存于棕色瓶中备用。

4. 其他

生理盐水：0.85%～0.90%的 NaCl 溶液，分装于试管中，每管 9 mL，分装于锥形瓶中，每瓶 90 mL，高压灭菌后备用。

三、操作步骤

1. 样品采集

按照水样采集方法采集富营养化水体样品，置无菌样品瓶中带回实验室。

2. 样品接种

按照MPN计数法的要求，将样品进行10倍系列梯度稀释，选择适宜稀释度的菌悬液，分别接种于各类细菌培养基中，同时接种无菌水作为对照。

3. 培养及结果判定

（1）氨化细菌

氨化细菌28℃培养7 d，观察各培养管中菌膜、混浊度、沉淀、气味、颜色等的变化，并用奈氏试剂检测有无氨的产生。从各试管中吸取1～2滴培养液至白瓷比色板中，再分别加入1～2滴奈氏试剂，如出现棕红色或浅褐色沉淀，即证明培养液中有氨化细菌存在，该反应过程如下：

$$NH_4^+ + 2HgI_4^{2-} + 4OH^- = \left[\begin{array}{ccc} & Hg & \\ O & & NH_2 \\ & Hg & \end{array} \right] I\downarrow + 7I^- + 3H_2O$$

（2）氨氧化细菌

氨氧化细菌28℃培养10～14 d，分别从各试管中吸取3～5滴培养液至白瓷比色板中，分别加入格利斯试剂甲液和乙液各1～2滴，亚硝酸盐与格利斯试剂中的对氨基苯磺酸反应生成的重氮苯磺酸，再与α-萘胺反应，生成N-α-萘胺偶氮苯磺酸，该产物为一种红色化合物，使培养液呈现红色，即证明培养液中有氨氧化细菌存在。

（3）亚硝酸氧化细菌

亚硝酸氧化细菌28℃培养10～14 d，用二苯胺试剂检测硝酸（NO_3^-）的产生。从各试管中吸取3～5滴培养液至白瓷比色板中，分别加入二苯胺试剂1～2滴，二苯胺在酸性条件下，可被硝酸氧化成氧化态，该产物为一种蓝色的醌式结构化合物，使培养液呈现蓝色，表示已有亚硝酸氧化成硝酸，即证明培养液中有亚硝酸氧化细菌存在。

注意：

用二苯胺试剂检测硝酸（NO_3^-）时，若培养液内有亚硝酸存在，会干扰显色反应。可在测试之前，先用格利斯试剂检测培养液中NO_2^-的情况，如果NO_2^-含量较多，应先从培养液中去除，方法是：在培养液中加入5～8滴醋酸使之酸化，再加入几粒磺胺酸（对氨基苯磺酸），有气体逸出，当产气停止时，再加入一粒磺胺酸，使NO_2^-全部转化为N_2，再加入格利斯试剂检测，如不呈现红色，说明培养液中已经无NO_2^-存在。

(4) 反硝酸化细菌

反硝酸化细菌 28℃培养 14 d,观察细菌生长情况。由于反硝化菌还原硝酸盐的产物可能是氨、亚硝酸、硝酸以及气态氮化物(N_2O、N_2),可以分别利用奈氏试剂、格利斯试剂、二苯胺试剂检测培养液中各物质的生成情况以及利用杜氏小管观察气体的产生情况,从而判断样品中是否含有反硝化菌,并可分析硝酸盐的还原途径。

四、实验报告

1. 实验结果

根据氨化细菌、硝化细菌和反硝化细菌的阳性管数,查 MPN 表,分别计算样品中各类群微生物的数量。

2. 思考题

根据实验结果,结合富营养化水体的相关资料,试分析富营养化水体中氮的循环过程及产生氮积累的主要影响因素。

【参考文献】

1. 李振高,骆永明,滕应. 土壤与环境微生物研究法[M]. 北京:科学出版社,2010.
2. 林先贵. 土壤微生物研究原理与方法[M]. 北京:高等教育出版社,2010.
3. 张甲耀,宋碧玉,陈兰洲,郑连爽. 环境微生物学[M]. 武汉:武汉大学出版社,2008.

实验3-3　大气中的微生物

空气是大气微生物传播的重要介质，但是，大气中缺乏微生物生存所需的各种营养物质和足够的水分，而且受光辐射、污染物等因素的不利影响，大气中没有像土壤、水体那样适于微生物生长的生态位，没有固定的微生物种类。大气中微生物主要来源于土壤、水体、人体、动植物和各类生产、生活活动。影响大气微生物存活的因素主要有：相对湿度、温度、紫外辐射、OAF、大气污染物等。虽然大气环境不适合微生物的生长繁殖，但由于微生物有各种适应大气环境的机制（如孢子、芽孢等）和各种修复损伤的能力，所以有许多微生物可以在大气中存活一段时间，甚至存活相当长时间，实现长距离迁移，而不致死亡。

大气生境中的微生物一般都附着在一些非生物粒子上，尘埃是大气微生物的主要载体，因此大气生境中的微生物本质上是大气中的生物气溶胶，细菌和真菌是生物气溶胶微生物的主要种类。气溶胶粒径直接影响着生物气溶胶在大气中的停留时间、沉降过程等，而且，生物气溶胶对人体健康的影响与生物气溶胶粒子直径大小、数量、微生物在空气中的生存能力、机体免疫力等有关。有资料报道，较大的粒子（$>10\ \mu m$）沉积在上支气管，较小的粒子，特别是小于 $5\ \mu m$ 的粒子可到达支气管、次级支气管和肺泡等，而小于 $1\ \mu m$ 的粒子，则大部分滞留于肺部。

大气生物气溶胶微生物的类群和数量的区域分布很不均匀，而且不稳定，受大气污染、人群活动、温度、湿度、紫外辐射、气流的运动、土地管理利用等因素的影响，一般来说，城市上空中的微生物密度大大高于农村，陆地上空高于海洋上空，无植被地表上空高于有植被覆盖的地表上空，室内空气又高于室外空气，近地又高于高空。而且在不同月份、不同季节，甚至一天中的不同时间，类群和数量的分布也发生相应的变化。

目前，关于空气质量的评价标准，有中国科学院生态中心推荐的空气微生物评价标准（表 3-3-1），还有室内空气质量标准（GB/T 18883-2002），要求细菌菌落总数不超过2 500 CFU/m^3（撞击式空气微生物采样器）。

表 3-3-1　空气微生物评价标准(10^4 CFU/m^3)

级别号	污染程度	细菌	真菌	微生物总浓度
Ⅶ	极严重污染	>4.5	>3.5	>6
Ⅵ	严重污染	2.0～4.5	1.1～3.5	3.0～6.0
Ⅴ	重度污染	1.0～2.0	0.45～1.1	1.5～3.0
Ⅳ	污染	0.5～1.0	0.2～0.45	1.0～1.5
Ⅲ	轻微污染	0.25～0.5	0.125～0.2	0.5～1.0
Ⅱ	较清洁	0.1～0.25	0.08～0.125	0.3～0.5
Ⅰ	清洁	<0.1	<0.08	<0.3

(引自余叔文,1993)

目前,生物气溶胶采样方法主要有自然沉降法、撞击式采样法、过滤式采样法、静电沉降法,每种方法都有其各自的优缺点及适用范围(表 3-3-2),可根据不同的实验目的选择合适的采样方法。

表 3-3-2　大气生物气溶胶采样方法

<table>
<tr><td rowspan="3" colspan="2">自然沉降法</td><td>原理</td><td>利用空气微生物粒子的重力作用,自然沉降到带有培养介质的平皿内</td></tr>
<tr><td>优点</td><td>操作简单,可初步了解生物气溶胶中微生物的大致浓度,特别是了解微生物浓度相对较高的环境污染情况</td></tr>
<tr><td>缺点</td><td>采样效率较低,在空气中相对比较稳定的小粒子难以采集,而且气流对样品采集的影响较大</td></tr>
<tr><td rowspan="3">撞击式采样法</td><td rowspan="3">液体撞击式采样器</td><td>原理</td><td>利用各种抽气装置,以恒定的气流量,使空气通过采样器狭小喷嘴,形成高速气流射向采集面,气流沿采集面偏转一定方向,空气中的微生物粒子由于惯性作用,沿原来的方向直线运动,撞击于采集面上而被收集</td></tr>
<tr><td>优点</td><td>(1) 捕获率高,对小粒子的生物气溶胶尤为敏感
(2) 采样液具有保护作用,对微生物的损伤较小
(3) 因采样时的气流冲击和采样液搅动,可将气溶胶粒子上的微生物释放并均匀分散到采样液中</td></tr>
<tr><td>缺点</td><td>(1) 不适于低温(低于 5℃)采样
(2) 流量小,不适于浓度较低的生物气溶胶样品的采集
(3) 采样液在采样过程中易蒸发,不适于长时间采样
(4) 采样器携带不便</td></tr>
</table>

续表

撞击式采样法	固体撞击式采样器	原理	同液体撞击式采样器
		优点	使用方便，采样效率高，可用于定量测定，是目前应用最广泛的一类采样器
		缺点	(1) 如果以琼脂培养基作为采集介质时，不适于长时间采样，否则菌落重叠，影响计数 (2) 壁损失，粒子滑脱等
	离心撞击式采样器	原理	利用气体在旋转过程中产生的离心力，使带菌粒子获得一定动量，并因惯性而偏离气体流线，冲击到采集面上而被收集
		优点	采样效率高，体积小、重量轻、噪声低、价格便宜、操作简便，属于便携式微生物采样器
		缺点	对呼吸道感染有重要意义的 5 μm 以下的粒子采集效率低
过滤式采样法		原理	利用抽气装置，使空气通过滤材而使微生物粒子阻留在滤材上
		优点	能在低温条件下采样，采集效率高，又称为绝对采样器，常常用它作为多级采样器的对照
		缺点	(1) 采样阻力大，滤孔易堵塞，难以保持稳定的采气量 (2) 耐干燥能力低的微生物难以存活
静电沉降法		原理	进入采样器的空气经电晕放电电离，使空气中的带菌粒子带上一定量的电荷，然后被带相反电荷的采集面吸引而沉降
		优点	采集空气标本容量大，浓缩空气倍数高，有利于采集空气中含量很少的微生物，对小粒子的捕获率高，实用性强
		缺点	(1) 在电晕放电过程中会产生紫外线、臭氧和氧化氮，可影响微生物活性 (2) 空气的相对湿度≥85%时易漏电 (3) 体积大、结构复杂，不易消毒和搬运

实验 3-3-1　自然沉降法检测空气中的细菌

自然沉降法是德国细菌学家 Koch 在 1881 年建立的，它是利用空气微生物粒子的重力作用，使空气中的带菌粒子自由沉降到带有培养介质的平皿上，经适宜温度培养后，进行菌落观察和计数。它是一种经典又非常简单、方便的空气微生物检测方法。但是，由于悬浮在空气中的颗粒物的沉降并不仅仅受重力的作用，还会受到气流的运动、阻力、浮力、人群活动等其他外力因素的影响，所收集的实际上只是空气中受重力作用强而沉降下来的一部分较大的微生物粒子，可用于空气微生物的初步调查，特别适用于检测物体表面被空气中沉降微生物污染情况，如医药食品厂房、医院手术室、烧伤病房等特定环境中的微生物数量测定。

一、实验目的

（1）了解自然沉降法检测空气中细菌的原理和方法。

（2）初步了解实验室空气中细菌的大致浓度。

二、实验用品

1. 实验器材

灭菌锅、超净台、培养箱、灭菌培养皿等。

2. 培养基

牛肉膏蛋白胨固体平板培养基。

三、操作步骤

1. 采样点的布设

选择不同功能的实验室作为空气微生物的检测对象，分别在实验室的四角和中央各放置3～5个(平行样)带采样介质的培养皿，如果房间较大，如车间、厂房等，可根据情况适当增设采样点，采样点要距墙30 cm以上，通常距地面1 m左右，而且气流扰动极小。

2. 样品采集

将平板培养基布设在采样点后，在计时的同时打开皿盖，在空气中暴露30 min，立即盖上皿盖。暴露时间的长短取决于空气的清洁程度，如果空气污染较重，为使计数方便、准确，可适当减少暴露时间；如果空气较洁净，如洁净室，可适当延长暴露时间。

3. 培养和观察计数

将采集样品的平板倒置于恒温培养箱内37℃培养48～72 h，观察细菌菌落特征，计数细菌菌落数。

四、结果计算

目前比较公认的是根据奥梅梁斯基(Omeilianski)公式计算空气中微生物的浓度。他认为在100 cm^2 的培养基表面5 min内能降落上约10 L空气所含的菌数，计算公式为：

$$C=100\div\left(\frac{A}{100}\times t\times\frac{5}{10}\right)\times N=\frac{50\ 000N}{At}$$

式中：C——微生物浓度(CFU/m^3)；

A——捕获面积(cm^2)；

t——暴露时间(min)；

N——培养皿上的菌落数。

虽然，空气中微生物的沉降量与空气微生物的含量存在正相关关系，但是，还与微生物粒子的粒径、密度、形状、环境因素等密切相关，而该公式没有考虑这些因素。研究表明，奥梅梁斯基公式只有在空气微生物粒径均一为 2.5 μm 的静态场合下才能成立。因而，要比较准确地计算空气中微生物的数量，就要针对不同的环境条件进行数值校正。

五、实验报告

1. 实验结果

(1) 请将各培养皿中沉降菌落数记录在下表内，并根据奥梅梁斯基(Omeilianski)公式计算空气中微生物的大概浓度。

表 3-3-1-1　空气微生物测定结果记录表

采样点	菌落数			平均菌落数	微生物浓度(CFU/m^3)
	培养皿 1	培养皿 2	培养皿 3		
1					
2					
3					
4					
5					

(2) 根据空气微生物评价标准判断你所检测的空气的污染等级。

2. 思考题

(1) 请分析不同功能实验室细菌浓度差异的主要原因。

(2) 试述自然沉降法检测空气中微生物浓度的优缺点及适用范围。

【参考文献】

1. 于玺华，车凤翔. 现代空气微生物学及采检鉴技术[M]. 北京：军事医学科学出版社，1998.

2. 张甲耀，宋碧玉，陈兰洲，郑连爽. 环境微生物学[M]. 武汉：武汉大学出版社，2008.

实验 3-3-2　大气生物气溶胶微生物的组成及粒径分布

Andersen 6 级生物粒子采样器(固体撞击式)(图 3-3-2-1、表 3-3-2-1)是目前应用最广泛的一类大气生物气溶胶采样器,也是目前国际公认的生物气溶胶样品采集方法。它是模拟人呼吸道的解剖结构和空气动力学特征,采用惯性撞击原理设计制造的。该采样器分为 6 级,每级 400 个孔,从 F1～F6 级孔的直径逐渐缩小,每一级的空气流速逐次增大,从而把空气中的带菌粒子按大小不同分别捕获在各级的培养皿上。采样器的流量为 28.3 L/min,最佳撞击距离为 2.5 mm 左右。既可用于测定空气微生物浓度,又可了解粒子大小分布情况,其具有以下优点:① 采集粒谱范围宽;② 采样效率高;③ 生物失活率低;④ 敏感性高;⑤ 操作简便;⑥ 应用范围广。

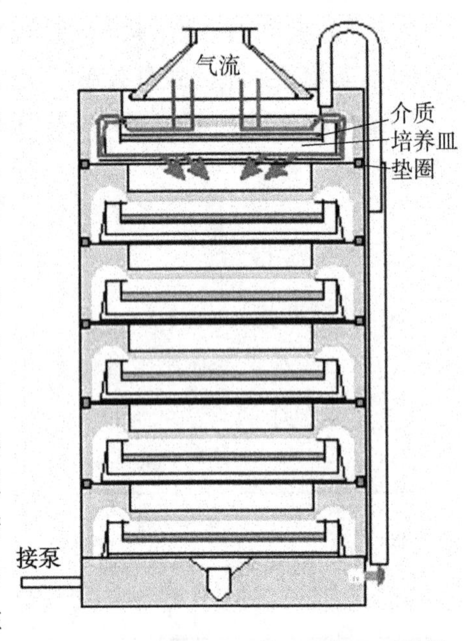

图 3-3-2-1　Andersen 6 级生物粒子采样器

(引自迈尔等编著,刘和等导读,2010)

本实验利用 Andersen 6 级生物粒子采样器,以细菌、真菌、放线菌的选择性培养基作为介质进行样品采集、培养和分析,了解校园大气生物气溶胶微生物的类群、数量及粒径分布。

表 3-3-2-1　FA-1 型 Andersen 6 级采样器各级特征

级数	孔径(mm)	空气流速(m/s)	捕集范围(μm)
F1	1.18	1.02	＞7.0
F2	0.91	1.53	4.7～7.0
F3	0.71	3.65	3.3～4.7
F4	0.53	4.85	2.1～3.3
F5	0.34	12.62	1.1～2.1
F6	0.25	23.14	0.65～1.1

一、实验目的

(1) 了解生物气溶胶样品的采集方法,掌握 Andersen 6 级生物粒子采样器的使

用及样品的采集过程。

(2) 了解校园大气生物气溶胶微生物的类群和数量变化。

(3) 了解校园大气生物气溶胶的粒径分布。

二、实验用品

1. 实验器材

Andersen 6 级生物粒子采样器(FA-1 型)、培养皿、灭菌锅、培养箱、温湿度表、风速风向仪、大气紫外线测定仪等。

2. 培养基

(1) 牛肉膏蛋白胨培养基。

(2) 马丁氏培养基。

(3) 高氏一号培养基。

三、操作步骤

1. 培养基的制备

分别配制牛肉膏蛋白胨培养基、马丁氏培养基和高氏一号培养基,倒入无菌培养皿中,制成平板。注意培养基要确保水平。

2. 样品采集

采集校园内不同区域的大气生物气溶胶样品。先将培养皿在无菌条件下装入 Andersen 6 级生物粒子采样器,采样器要距离地面 1.5 m,该距离为人的呼吸带,采样人员要远离采样头,分别采集上午(8:00～9:00)、中午(12:00～13:00)和下午(16:00～17:00)的生物气溶胶样品,采样时间为 10 min,并记录样品采集时的气温、湿度、风速、风向、紫外线强度等气象状况及周围环境特征。

3. 样品培养及菌落计数

细菌样品采集后在恒温培养箱内于 37℃培养 2～3 天,真菌样品采集后于 27℃培养 3～4 天,放线菌于 28℃培养 4～5 d。培养结束后分别对各级采样平板进行菌落计数。

四、结果计算

1. 根据各粒径级采样平板上的细菌、真菌和放线菌的菌落数

按照下式计算各粒径级大气生物气溶胶中细菌、真菌或放线菌的浓度(CFU/m³)。

$$c_i = \frac{N_i}{Q \times 1} \times 1\ 000$$

式中:c_i——各粒径级大气生物气溶胶中细菌、真菌或放线菌的浓度(CFU /m³);

N_i——各粒径级采样平板上的细菌、真菌或放线菌菌落数(CFU);

Q——采样器空气流量(L/min);

T——采样时间(min)。

2. 计算各粒径级大气生物气溶胶中微生物的浓度

各粒径级大气生物气溶胶中细菌、真菌和放线菌的浓度之和为该粒径级大气生物气溶胶中微生物的浓度。

3. 计算微生物总浓度

大气生物气溶胶微生物总浓度为各粒径级大气生物气溶胶中所有微生物的浓度之和。

五、实验报告

1. 实验结果

(1) 请将各粒径级采样平板上的细菌、真菌或放线菌菌落数记录在下表内。(单位:CFU)。

表 3-3-2-2 各粒径级微生物测定结果记录表

	粒径级					
	1	2	3	4	5	6
细菌						
真菌						
放线菌						

(2) 计算并绘图表示一天中各粒径级大气生物气溶胶中细菌、真菌或放线菌的浓度变化。

(3) 计算并绘图表示一天中各粒径级大气生物气溶胶中微生物的浓度变化。

(4) 计算并绘图表示一天中总微生物的变化趋势。

2. 思考题

(1) 上午、中午和下午的生物气溶胶中细菌、真菌和放线菌浓度有什么变化?简要分析这种变化产生的原因。

(2) 根据微生物数量及粒径分布特征,初步分析样品采集区域空气质量(微生物)状况及对人体健康的潜在影响。

【参考文献】

1. 方治国,欧阳志云,胡利锋,王效科,林学强. 北京市三个功能区空气微生物中值直径及粒径分布特征[J]. 生态学报,2005,25(12):3220-3224.

2. 刘苗苗. 青岛近海秋冬季生物气溶胶分布特征研究[D]. 青岛:中国海洋大学,2008.

3. 于玺华,车凤翔. 现代空气微生物学及采检鉴技术[M]. 北京:军事医学科学出版社,1998.

实验3-4 海洋环境中的微生物

海洋环境是一个非常复杂和庞大的生态系统，具有高度多样的生境，因此具有多样的微生物群体，在生态系统中发挥重要的作用，与多种环境问题密不可分。海洋作为人类重要的资源宝库，随着海洋开发活动的频繁进行，海洋环境受人类活动的影响和污染日趋严重，从而影响微生物群体的结构、组成及生态功能。

实验 3-4-1 沿岸水域及沉积物微生物污染状况调查

由人类活动产生的大量废气、废液和废渣通过直接倾倒或排放、江河径流、降水等各种途径不断地汇入海洋，对海洋环境和生态平衡造成严重影响，因此，海洋污染已经引起国际社会的广泛关注。由于沿岸水域是污染物重要的汇集区，加之旅游业的迅猛发展以及海岸曲折，水流交换不畅，成为重要的污染区。该实验通过对沿岸水域异养细菌总数和粪大肠菌群(耐热大肠菌群)污染状况调查，了解其污染程度。

异养细菌总数指示水质被污染的程度，受有机物影响较大；粪大肠菌群(耐热大肠菌群)是卫生学和流行病学上安全度的公认指标和重要监测项目，评价水体受生活污染的影响程度(详见实验 3-2-1 地表水及饮用水的微生物状况分析及评价)。异养细菌总数和粪大肠菌群数作为海水水质(或沉积物)污染等级划分的两项重要微生物指标，海洋监测规范第七部分(GB 17378. 7-2007)规定了异养细菌总数评价等级(表 3-4-1-1)；海水水质标准(GB 3097-1997)规定了第一、二、三类水质(表 3-4-1-2)粪大肠菌群数应该≤2000 个/升，供人生食的贝类增养殖水质应该≤140 个/升；海洋沉积物质量标准(GB 18668-2002)规定了第一、二类沉积物(表 3-4-1-3)粪大肠菌群数应该≤40 个/克湿重，供人生食的贝类增养殖的底质应该≤3 个/克湿重。

表 3-4-1-1 异养细菌总数评价等级表

异养细菌总数(CFU/mL)	$>10^5$	$10^5\sim10^4$	$10^4\sim10^3$	$10^3\sim10^2$	$10^2\sim10$
污染程度评价等级	严重污染	重污染	中污染	轻污染	清洁

表 3-4-1-2 海水水质分类及其适用范围

水质分类	适用范围
第一类	适用于海洋渔业水域,海上自然保护区和珍稀濒危海洋生物保护区
第二类	适用于水产养殖区、海水浴场、人体直接接触的海上运动或娱乐区,以及与人类食用直接有关的工业用水区
第三类	适用于一般工业用水区、滨海风景旅游区
第四类	适用于海洋港口水域,海洋开发作业区

表 3-4-1-3 海洋沉积物分类及其适用范围

沉积物分类	适用范围
第一类	适用于海洋渔业水域,海上自然保护区和珍稀濒危海洋生物保护区,海水养殖区,海水浴场,人体直接接触的海上运动或娱乐区,以及与人类食用直接有关的工业用水区
第二类	适用于一般工业用水区、滨海风景旅游区
第三类	适用于海洋港口水域,海洋开发作业区

一、实验目的

(1) 了解粪大肠菌群及异养细菌总数检测的意义及检测方法。

(2) 了解沿岸海水及沉积物的采集方法。

二、实验用品

1. 实验器材

采水器、小型采泥器、滤器、灭菌锅、恒温培养箱、电炉、天平、pH 计、采样瓶、试管、平皿、移液器、纤维素滤膜(0.45 μm)等。

2. 试剂

(1) 溴甲酚紫乙醇溶液(16 g/L):先将溴甲酚紫溶于少量乙醇中,然后加入蒸馏水至终浓度。

(2) 碳酸钠溶液(1 mol/L):称取 10.6 g 碳酸钠溶于 100 mL 蒸馏水中。

(3) 氢氧化钠溶液(160 g/L):160 g 氢氧化钠溶于 1 000 mL 蒸馏水中。

(4) Tween-80 溶液(0.05%):1 mL Tween-80 溶于 2 000 mL 蒸馏水中。

3. 培养基

(1) 乳糖蛋白胨培养液(1×,3×)和 EC 培养基

配制方法详见实验 3-2-1 地表水及饮用水的微生物状况分析及评价。

(2) M-TEC 培养基

蛋白胨	5 g
乳糖	10 g
酵母浸膏	3 g
NaCl	7.5 g
K_2HPO_4	3.3 g
KH_2PO_4	1 g
十二烷基磺酸钠	0.2 g
去氧胆酸钠	0.1 g
溴甲酚紫	0.08 g
溴酚红	0.08 g
琼脂	15～20 g
蒸馏水	1000 mL
pH	7.4

(3) 2216E 培养基

蛋白胨	5 g
酵母膏	1 g
磷酸高铁	0.1 g
琼脂	15～20g
陈海水	1 000 mL
pH	7.6

4. 其他

无菌海水:取样品采样点的海水,分装于试管中,每管 9 mL,或分装于锥形瓶中,每瓶 90 mL,高压灭菌后备用。

三、操作步骤

1. 样品采集及预处理

(1) 水样

用无菌采样瓶或采水器采集近岸水域的水样。采样水层按照海洋监测规范 GB 17378.3-2007 的规定进行(表 3-4-1-4)。将采集的水样立即带回实验室,每 100 mL 水样中加入 0.05%的 Tween-80 溶液 1 mL。如果微生物浓度较高,需以无菌海水作为稀释液进行梯度稀释。

表 3-4-1-4　海水样品采样层次

水深(m)	采样层次	备注
<10	表层	海面下 0.1～1 m
10～25	表层、底层	河口或港湾海域底层应距海底 2 m,其他海区可酌情增大
25～50	表层、10 m、底层	——
50～100	表层、10 m、50 m、底层	底层距前一层次的距离不小于 5 m
100 以上	表层、10 m、50 m……(根据情况加层)、底层	底层距前一层次的距离不小于 10 m

(2) 沉积物样品

用小型采泥器采集表层沉积物样品(采集深度大于 5 cm),利用无菌刮板取一定量的表层沉积物,置无菌样品瓶中,立即带回实验室。称取 10 g 泥样(若样品为沙质,需加大样品量),加入 90 mL 无菌海水,再加入 1 mL 0.05%的 Tween-80 溶液,振荡 15 min,使泥样均匀分散,静置 1 min,取上清液。如果微生物浓度较高,需以无菌海水作为稀释液进行 10 倍系列梯度稀释。

2. 样品分析

(1) 粪大肠菌群

① 发酵法

按下表分别接种水样或沉积物样品的菌悬液。

表 3-4-1-5　样品接种程序

序号	接种量(mL)	接种培养液	接种管数
1	10	乳糖蛋白胨培养液(3×,10 mL)	5
2	1	乳糖蛋白胨培养液(1×,10 mL)	5
3	0.1	乳糖蛋白胨培养液(1×,10 mL)	5

将初发酵试管置 44℃培养 24 h,将产酸(培养液黄色)、产气(杜氏小管中有气泡)及只产酸的发酵管中的发酵液转接入 EC 培养液中,44℃培养 24 h,观察结果。

② 滤膜法

滤膜法仅适用于悬浮物较少的海水样品测定,不适用于沉积物样品及悬浮物较多的海水样品的测定。

将一定量(10 mL)的海水样品经 0.45 μm 无菌滤膜过滤,用无菌镊子取下,紧贴在 M-TEC 培养基上,倒置于 44℃恒温箱内培养 24 h,观察菌落特征。在 M-TEC 培养基上,粪大肠菌群菌落应呈黄色,如生长有可疑菌落,需进行革兰氏染色、镜检,再将该菌接种于 EC 培养基中,置 44℃培养 24 h,如有产气现象,则证实为粪大肠菌群。

（2）异养细菌总数

按照稀释涂布平板法将样品接种在2216E平板培养基上，倒置于25℃恒温箱中培养7天。

3. 结果观察记录

（1）粪大肠菌群

① 发酵法

复发酵的产气试管即为阳性管，记录阳性试管数，查大肠菌群检索表Ⅱ，计算单位样品中的粪大肠菌群数。

② 滤膜法

记录平板上的阳性（黄色）菌落数，根据过滤样品量，按照下式计算海水中的粪大肠菌群数。

$$\text{粪大肠菌群数(CFU/L)}=\frac{\text{粪大肠菌菌落数}\times 1\,000}{\text{过滤样品体积(mL)}}$$

（2）异养细菌总数

按照平板菌落计数原则计数菌落数，并计算单位样品中的异养细菌总数。

四、实验报告

1. 实验结果

请计算海水样品或沉积物样品中粪大肠菌群数及异样细菌总数。

2. 思考题

（1）根据你的实验结果，请分析近海污染程度如何？属于哪一类水质或沉积物？是否符合标准规范对该水质或沉积物的相关要求？

（2）请结合相关资料，分析采样海区污染物的可能来源、种类及其潜在的生态危害。

【参考文献】

1. GB17378.7-2007 海洋监测规范　第7部分：近海污染生态调查及生物监测[S].
2. GB17378.7-2007 海洋监测规范　第3部分：样品采集、贮存与运输[S].
3. GB18668-2002 海洋沉积物质量[S].
4. GB3097-1997 海水水质标准[S].

实验 3-4-2　海水养殖海域病原菌弧菌的分布

近年来,随着海水养殖规模的不断扩大,特别是集约化海水养殖的发展,给养殖环境带来严重污染,条件致病菌迅速繁衍,造成水产养殖病害频发,其中细菌性疾病仍是最常见、危害最大的一类疾病。迄今报道的海水养殖主要致病菌已达数十种,其中弧菌病最为常见,给我国海水养殖业带来巨大的经济损失。弧菌是海洋环境中最常见的细菌类群之一,广泛分布于海洋、河口区、沉积物以及海洋生物的体表和肠道中,是一类重要的致病菌或条件致病菌,一旦条件适宜便大量繁殖,通常认为在 15℃～30℃条件下,水温每升高 5℃,菌体繁殖速度就会增加近一倍。养殖环境自身污染的不断加重也为条件致病菌的迅速繁衍提供了有利条件,同时,污染程度的加剧也使养殖生物体免疫力下降,引起疾病的流行。许多学者将 10^4 CFU/mL 作为对虾发病的弧菌数量阈值。

作为迄今已被报道过的海水养殖动物弧菌病病原菌有 20 多种,是一类革兰氏阴性、具极生鞭毛、能运动的短杆状细菌,有的弧菌有一定的弯曲。常见的致病性弧菌的生化反应特征见表 3-4-2-1,在 TCBS 培养基上易生长。该实验以 TCBS 作为选择性培养基检测海水养殖海域病原菌弧菌的丰度。TCBS 培养基中含有胆盐、硫代硫酸钠、柠檬酸钠及较高的 pH,可抑制革兰氏阳性菌和大肠菌群;硫代硫酸钠与柠檬酸铁反应,还可作为检测 H_2S 产生的指示剂;溴麝香草酚蓝和麝香草酚蓝是 pH 的指示剂。弧菌在 TCBS 琼脂平板上生长后,不发酵蔗糖的弧菌呈现绿色或蓝绿色,发酵蔗糖的弧菌呈现黄色,菌落中心或周围均无黑色反应(H_2S 阴性)。

表 3-4-2-1　常见的致病性弧菌的生化反应特征

	霍乱弧菌	副溶血弧菌	鳗弧菌	溶藻弧菌	创伤弧菌
NaCl	−	+	−	+	+
运动性	+	+	+	+	+
H_2S 产生	−	−	−	−	−
由蔗糖产酸	+	−	+	+	−
TCBS 菌落特征	黄色	绿色	黄色	黄色	绿色
革兰氏反应	−	−	−	−	−
O/129 敏感性	+	+	+	+	+
细胞色素氧化酶	+	+	+	+	+

一、实验目的

（1）了解海水养殖海域病原菌弧菌检测的意义。

（2）掌握选择性培养基 TCBS 用于弧菌检测的原理及检测方法。

二、实验用品

1. 实验器材

灭菌锅、超净台、恒温培养箱、天平、样品瓶、采样器、试管、平板、移液器、吸管 0/129纸片（150 μg）等。

2. 试剂

（1）盐酸二甲基对苯二胺溶液（1%）：将 0.1 g 盐酸二甲基对苯二胺溶于 10 mL 蒸馏水中，密封保存。

（2）α-萘酚-乙醇溶液（1%）：将 0.1 g α-萘酚溶于 10 mL 乙醇中，密封保存。

（3）革兰氏染色试剂一套。

3. 培养基

（1）TCBS 琼脂培养基

蛋白胨	10 g
酵母膏	5 g
柠檬酸钠	10 g
硫代硫酸钠	10 g
蔗糖	20 g
胆盐	8 g
氯化钠	10 g
柠檬酸铁	1 g
溴麝香草酚蓝	0.04 g
麝香草酚蓝	0.04 g
琼脂	15～20 g
蒸馏水	1 000 mL
pH	8.6

将培养基中除指示剂和琼脂以外的其他成分溶解，调节 pH，再加入指示剂，将培养基加热，溶解琼脂，适当冷却后，倾注于无菌培养皿中，制成平板培养基，备用。该培养基不需要高压灭菌。

（2）PAC 培养基

蛋白胨	5 g
酵母膏	2.5 g
葡萄糖	1 g
氯化钠	10 g
蒸馏水	1 000 mL
pH	7.0

4. 其他

无菌海水:取样品采样点的海水,分装于试管中,每管 9 mL,高压灭菌后备用。

三、操作步骤

1. 样品采集

用无菌采样瓶或采样器在海水养殖区采集水样。采样水层按照海洋监测规范 GB 17378.3-2007 的规定进行。将采集的水样立即带回实验室进行以下实验。

2. 样品接种及培养

利用无菌海水将样品进行 10 倍系列梯度稀释,选择适宜稀释度涂布接种于 TCBS 平板上,每个稀释度至少接种 3 个平板,倒置于 28℃培养 18～24 h。

3. 结果观察记录

观察平板上的菌落特征,绿色(或蓝绿色)和黄色菌落,且中心或周围均无黑色反应的菌落,一般为弧菌菌落。若有可疑菌落,需进行以下实验鉴定后确定。

(1) 革兰氏染色实验

按照实验 1-4 细菌的染色及形态观察的程序进行。

(2) 氧化酶实验

取菌落至白瓷板上,加 1 滴盐酸二甲基对苯二胺溶液,若呈现粉红色,并逐渐加深至紫色,再取 1 滴 α-萘酚-乙醇溶液,滴加到菌落上,呈现蓝色反应的,则为氧化酶阳性。

(3) 运动性实验

用接种环取菌,穿刺接种 PAC 半固体培养基,28℃培养 18～24 h,观察细菌生长情况及运动性。

(4) O/129 敏感性实验

在 PCA 平板上,先均匀涂布可疑菌,然后贴上一张 O/129 纸片(150 μg),28℃培养 18～24 h,观察纸片周围是否有抑菌圈。

四、实验报告

1. 实验结果

请根据 TCBS 平板上弧菌菌落数，计算单位样品中的弧菌浓度，并分析弧菌在各水层的分布特征。

2. 思考题

(1) 根据你的检测结果，并结合相关资料，分析样品采集区弧菌致病的可能性。

(2) 请根据环境因素条件，分析控制养殖生物弧菌病应采取的措施。

【参考文献】

1. GB17378.7-2007 海洋监测规范 第7部分：近海污染生态调查及生物监测[S].

2. Castine S A, Bourne D G, Trott L A, McKinnon D A. Sediment microbial community analysis: Establishing impacts of aquaculture on a tropical mangrove ecosystem[J]. Aquaculture. 2009, 297: 91-98.

实验3-4-3　海洋发光细菌的检测

发光细菌是海洋中分布较广的一类革兰氏阴性细菌，在海水、沉积物以及海洋生物体表、肠内、发光器官都有分布，在适宜条件下能够发射可见光的异养细菌，与发光浮游生物同是引起海面发光的原因。目前已知的发光菌除异短杆菌（*Xenorhabdus luminescens* X. 1）是陆生菌，其他发光菌都属于海洋细菌，海洋发光菌主要属于弧菌属（*Vibrio*）、发光杆菌属（*Photobacterium*）和希瓦氏菌属（*Shewanella*），虽然种类不多，但其分布却非常广，几乎所有的海洋环境中都可发现它们的踪迹。它们以共生、腐生、寄生和自由生活方式在海洋环境中存在，其数量分布和种群组成差异较大，与环境因素、有机物质浓度、鱼群出没程度等诸多因素有关。

不同种类的发光细菌生物发光反应机理基本一致，其基本过程是：发光细菌在有氧的自然环境下产生荧光素酶（LE），然后在分子氧作用下，荧光酶催化还原态的黄素单核苷酸（荧光素 $FMN \cdot H_2$）及长链脂肪醛（RCHO）氧化为黄素单核苷酸（FMN）及长链脂肪酸（RCOOH），同时释放出蓝绿光（“冷光”），属于化学发光型。

$$FMN \cdot H_2 + RCHO + O_2 \xrightarrow{LE} FMN + H_2O + RCOOH + 光$$

在正常的生理条件下，发光细菌能发出波长为450～490 nm的蓝绿色可见荧光，在黑暗处肉眼可见。发光细菌的发光反应对外界条件变化反应非常敏感，在营养盐丰富的水域中数量大量增多，当密度升高到足够浓度时，其分泌的小分子“自我诱导物”可加强细菌发光基因（*lux*）的表达，从而使细胞的发光强度大幅增加，在污染水域中，发光效率会快速、有规律地降低，因此，海洋发光细菌的检测可用于海域污染预警。

一、实验目的

(1) 掌握海洋发光细菌的检测意义及检测方法。

(2) 了解海洋发光细菌在海域的分布特征。

二、实验用品

1. 实验器材

灭菌锅、超净台、恒温培养箱、采水器、采泥器、抽滤系统、移液器、镊子、试管、培养皿等。

2. 培养基

牛肉膏　　　　10 g

蛋白胨	20 g
甘油	10 g
NaCl	30 g
$CaCO_3$	5 g
琼脂	15～20 g
蒸馏水	1 000 mL
pH	6.9

先将除 $CaCO_3$ 以外的其他成分溶于蒸馏水，调 pH 后，再加入 $CaCO_3$，121℃灭菌 15 min，制成平板备用。

3. 其他

无菌海水：取样品采样点的海水，分装于锥形瓶中，每瓶 90 mL，高压灭菌后备用。

三、操作步骤

1. 样品采集

使用采水器分别采集不同海域的海水样品，置无菌样品瓶中，立即带回实验室，尽快分析。

2. 样品测定及计数

若样品中发光菌浓度较低，采用超滤膜萌发技术进行样品测定。海水样品直接用无菌的 0.22 μm 的滤膜过滤，抽滤系统需要提前用无菌海水冲洗，过滤样品量依菌浓度而定，一般需要 1～2 L。将截留有发光菌的滤膜从滤器上取下，贴在发光菌固体培养基上，15℃～20℃恒温培养 48 h，在暗室中观察并计数。每个样品至少做 3 个平行。

若样品中发光菌浓度较高，梯度稀释后，采用涂布平板法进行样品测定。

四、实验报告

1. 实验结果

根据平板菌落数，计算单位样品中发光菌的浓度，并分析发光细菌在采样区的分布特征。

2. 思考题

根据不同水域发光菌的数量差异，结合环境条件特征，分析引起发光菌数量差异的主要影响因素，并初步分析各水域的污染状况。

【参考文献】

1. 陈忠元,刘子琳,张涛,刘艳岚.南海中、东部海区发光细菌的生态分布与种类组成[J].b海洋学研究,2009,27(2):71-78.

2. 杨颐康,唐法尧,叶履平,吴自荣,朱文杰.环境因子对发光细菌的生长和发光的影响[J].海洋与湖沼,1981,12(3):249-253.

3. 张甲耀,宋碧玉,陈兰洲,郑连爽.环境微生物学[M].武汉:武汉大学出版社,2008.

4. 张晓华.海洋微生物学[M].青岛:中国海洋大学出版社,2007.

实验3-4-4 海洋工程结构物主要腐蚀微生物的检测

在海洋中建造的海洋工程基础设施面临着严重的海洋腐蚀问题，虽然溶解氧和海水对金属会产生化学氧化腐蚀作用，但是，由微生物诱发的海洋工程结构物的腐蚀也是一种重要的腐蚀过程，涉及所有种类的材料和工程设施，包括海洋采油平台、海港设施、船舶设备、海底管线等，使海洋工程设施遭受巨大的损失，据报道，有50%～80%的地下管线腐蚀属于微生物引起和参与的腐蚀，成为当前海洋工程科技亟待解决的问题。

海水中的海洋工程结构物一般在数小时内就会在其表面形成一层黏滑的生物膜，生物膜中的细菌种类主要以腐蚀性细菌占优势，这些参与或促进金属腐蚀过程的微生物种类很多，其中比较重要的是直接参与自然界中硫、铁元素循环的菌类，包括好氧菌和厌氧菌，好氧菌主要有硫杆菌和铁细菌，厌氧菌主要是硫酸盐还原菌类。

硫杆菌主要包括氧化硫杆菌、氧化亚铁硫杆菌和排硫硫杆菌等，它们通过氧化元素硫和还原性硫化物，最终产生硫酸，使环境的pH值下降，使钢铁、混凝土和水下管道遭受严重的腐蚀(图3-4-4-1)。

铁细菌主要有嘉利翁氏菌属、纤发菌属、泉发菌属和鞘铁菌属等，它们能氧化水中亚铁成高铁氧化物沉积于菌体外鞘或周围黏液层中，在金属表面形成黄褐色的铁结核，使其内部造成缺氧状态，形成氧差电池腐蚀结构物(图3-4-4-2)；而且，铁结核还会造成管道的机械堵塞，并产生“红水”现象，使水质恶化。

参与金属腐蚀过程的厌氧菌主要是硫酸盐还原菌类，是在缺氧环境中广泛存在的兼性厌氧菌，是诱发海洋工程结构物腐蚀的主要原因。经典意义中的硫酸盐还原菌属于专性厌氧菌，但近年来的研究发现，多数硫酸盐还原菌一般不会因为空气的存在而致死，一旦环境变得厌氧或缺氧，它们就大量繁殖。在海洋环境中，最重要的硫酸盐还原菌是脱硫弧菌，它们对海洋工程设施造成严重危害。一方面，硫酸盐还原菌参与硫酸盐还原作用，以多种有机物(如乳酸盐、丙酮酸盐等)为氧化基质，将硫酸盐还原，使环境中累积较多的H_2S气体，造成腐蚀环境，损害海洋工程设施(图3-4-4-1)，同时也毒害海洋生物；另一方面，硫酸盐还原菌参与阴极去极化反应。在金属的电化学腐蚀过程中，电子由阳极流向阴极，被海水解离的H^+接收，阴极理论上应有氢气产生，但由于氢气活化电位太高，腐蚀电池本身难以供给这个电位，因而，阴极被一层原子氢覆盖，使腐蚀作用中止，但是，在硫酸盐还原菌作用下，可以除去原子氢，促进金属的腐蚀过程继续进行，同时也产生S^{2-}。在硫酸盐还原菌作用过程中产生的S^{2-}、H_2S和OH^-再与钢铁在海水中非生物学氧化产生的Fe^{2+}反应，最终形成腐蚀产物FeS和$Fe(OH)_2$(图3-4-4-2)。由于海水中存在大量的硫酸盐，因此，由硫酸盐还原菌参与的硫酸盐还原作用和电化学腐蚀作用而造成的金属腐蚀不容忽视，危害严重。

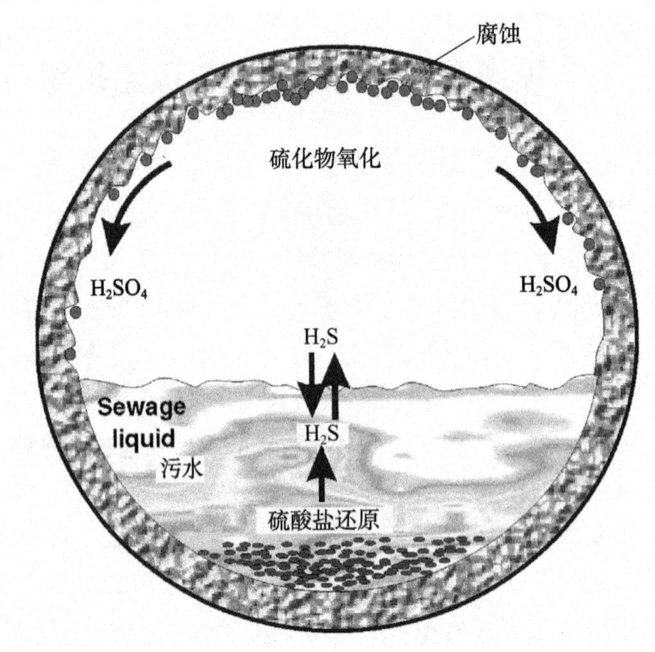

图 3-4-4-1 微生物介导的混凝土管道的腐蚀示意图

（Sydney 等，1996. 引自迈尔等编著，刘和等导读，2010）

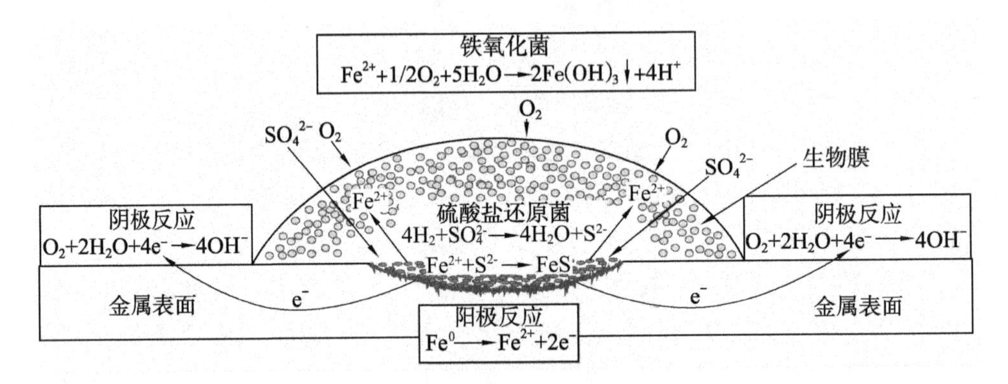

图 3-4-4-2 微生物介导的金属腐蚀示意图

（Hamilton，1995. 引自迈尔等编著，刘和等导读，2010）

一、实验目的

（1）了解造成海洋工程结构物腐蚀的主要微生物及其腐蚀机理。

（2）掌握主要腐蚀微生物的检测方法。

二、实验用品

1. 实验器材

灭菌锅、超净工作台、恒温培养箱、振荡器、样品瓶、试管、锥形瓶、移液器等。

2. 培养基

(1) 硫酸盐还原菌培养基

K_2HPO_4	0.5 g
NH_4Cl	1.0 g
$MgSO_4 \cdot 7H_2O$	2.0 g
Na_2SO_4	0.5 g
$CaCl_2 \cdot 2H_2O$	0.1 g
酵母粉	1.0 g
70%乳酸钠溶液	4 mL
陈海水	1 000 mL
pH	7.2

将各成分溶解,并调节 pH,121℃高压灭菌 15 min,冷却至室温后,再称取硫酸亚铁铵 0.3 g、抗坏血酸 0.1 g,紫外灭菌 30 min(30 cm 处),用无菌水制成高浓度的溶液,加入以上培养基中。

(2) 柠檬酸铁铵培养基(铁细菌培养基)

柠檬酸铁铵	10 g
$MgSO_4 \cdot 7H_2O$	0.5 g
$(NH_4)_2SO_4$	0.5 g
K_2HPO_4	0.5 g
$CaCl_2 \cdot 2H_2O$	0.2 g
$NaNO_3$	0.5 g
陈海水	1 000 mL
pH	6.8

(3) 硫代硫酸钠培养基(硫细菌培养基)

$(NH_4)_2SO_4$	4 g
KH_2PO_4	4 g
$MgSO_4 \cdot 7H_2O$	0.5 g
$CaCl_2 \cdot 2H_2O$	0.25 g
$FeSO_4 \cdot 7H_2O$	0.01 g

$NaS_2O_3 \cdot 5H_2O$	10 g
陈海水	1 000 mL

3. 其他

(1) 无菌海水:取样品采样点的海水,分装于锥形瓶中,每瓶 90 mL,或分装于试管中,每管 9 mL,高压灭菌后备用。

(2) 液体石蜡。

(3) 1%的 $BaCl_2$ 溶液。

三、操作步骤

1. 样品采集及预处理

分别使用采水器和采泥器采集海水样品和表层沉积物样品,将样品置无菌样品瓶中,立即带回实验室。水样直接进行以下实验,沉积物样品使用无菌海水制备成菌悬液,进行以下实验。

2. 样品接种和培养

按照 MPN 法的要求,选择适宜稀释度的海水样品或沉积物样品,分别接种于硫酸盐还原菌培养基、柠檬酸铁铵培养基、硫代硫酸钠培养基中,同时接种无菌海水作为对照。其中硫酸盐还原菌培养基接种后,向各管中分别加入无菌的液体石蜡以保持厌氧状态。各接种管置 29℃恒温培养箱中培养。硫酸盐还原菌培养 7～10 d,铁细菌培养 10～14 d,硫细菌培养 7～10 d,观察记录结果。

3. 结果观察计数

硫酸盐还原菌在厌氧条件下,将硫酸盐还原产生 H_2S,H_2S 与培养基中的 Fe^{2+} 反应将产生黑色沉淀(彩图 8),因此,硫酸盐还原菌培养基试管中如有黑色沉淀,并有硫化氢臭味的,表明有硫酸盐还原菌生长。

柠檬酸铁铵培养基试管中棕色消失,且培养基中产生褐色或黑色沉淀的,表明有铁细菌生长。但有时铁细菌的量很少,以上现象不明显,只要试管内壁出现黄色菌痕的就认为有铁细菌的存在。

硫代硫酸钠培养基试管中如有混浊现象,而且当加入两滴 1%的 $BaCl_2$ 溶液即产生白色沉淀的,证明培养基内有 SO_4^{2-} 存在,表明有硫细菌生长。

四、实验报告

1. 实验结果

分别记录硫酸盐还原菌、铁细菌和硫细菌各培养管中的阳性试管数,查 MPN 表,

分别计算样品中硫酸盐还原菌、铁细菌和硫细菌的浓度。

2. 思考题

根据实验结果，并结合相关资料，分析采样海区海洋工程结构物主要腐蚀微生物的分布特征及对海洋工程设施的危害程度。

【参考文献】

1. GB/T 14643.5-93　工业循环冷却水中硫酸盐还原菌的测定 MPN 法[S].

2. GB/T 14643.6-93　工业循环冷却水中铁细菌的测定 MPN 法[S].

3. [美]迈尔等. 环境微生物学[M]. 第 2 版. 刘和，陈坚导读(影印本). 北京：科学出版社，2010.

4. 杨雨辉，肖伟龙，柴柯，吴进怡. 碳含量和浸泡时间对碳钢热带自然海水腐蚀产物中细菌组成的影响[J]. 中国腐蚀与防护学报，2011，31(4)：294-298.

5. 张晓华. 海洋微生物学[M]. 青岛：中国海洋大学出版社，2007.

6. 朱素兰，侯保荣，张经磊，马士德. 微型生物与金属腐蚀的研究[J]. 海洋环境科学，2000，19(4)：27-30.

实验 3-4-5 海洋石油污染降解微生物的分布特征

近年来,海洋中的石油类污染物呈逐年增加的趋势,石油污染正逐渐成为世界性的污染问题。海洋石油污染的来源除了含油污水的排放、海上交通运输和海洋开发工程等造成的石油泄漏以外,因井喷、油轮溢油等造成的溢油事故是海洋石油污染的主要来源。

石油进入海洋后,在海面上形成一层油膜,导致海水严重缺氧,破坏海域的生态链,并在海面上发生扩散、蒸发、溶解、乳化、光化学氧化、微生物氧化、沉降等一系列复杂变化。由于石油组分复杂且稳定,物理化学过程很难改变其原有性质,生物降解是消除石油污染物的最重要途径(图 3-4-5-1)。海洋中存在一些能够降解石油的土著微生物,石油污染能够诱导这些土著的石油烃降解微生物种群大量繁殖。据报道,在正常环境下,降解菌一般只占微生物群落的 1%,甚至不到 0.1%,但当环境受到石油污染时,石油烃降解菌的比例和数量明显上升,污染程度越重,细菌数量越多,甚至可提高到 10%,成为优势菌群,因此,海区本身所具有的生物修复潜能不容忽视,而且,降解菌的数量可以作为石油污染的生物指示。目前已知的海洋石油降解微生物至少有 160 个属,其中,细菌是最重要的石油降解微生物,有些酵母菌和丝状真菌也能降解石油烃类物质。由于石油组分的复杂性,每种微生物只能降解某些类型的烃分子,石油烃的降解往往需要多种石油烃降解菌的协同作用才能完成。

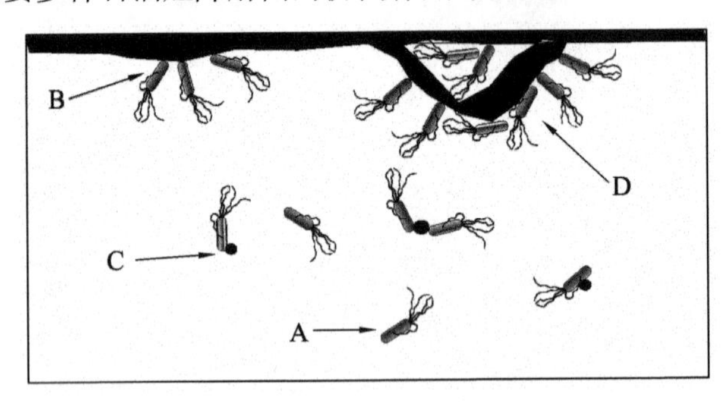

图 3-4-5-1 海洋石油污染的微生物降解途径示意图

(引自迈尔等编著,刘和等导读,2010)

A. 微生物直接吸收溶解的石油烃;

B. 微生物在油水界面上吸收直接接触的石油烃;

C. 微生物接触吸收海浪作用下充分分散的微小油滴;

D. 微生物通过分泌生物表面活性剂或乳化剂,增强石油烃的水溶性,使细胞更好地与其接触吸收。

一般来说,在近海、海湾等营养丰富的海区,海水和沉积物中石油烃降解微生物的数量较多,少量的石油污染可以通过石油烃降解菌的作用消除。但是,一旦发生大规模的石油污染事件,远远超过自然菌群的分解能力,将会带来水质污染,甚至导致海域的生态平衡失调,造成生态灾难。在远洋,石油降解微生物的数量受 N、P 营养的限制,由于营养贫乏,石油降解微生物数量很少,一旦受到石油污染,将给海域带来巨大的潜在风险,对海洋环境和海洋生物资源的危害比较严重。该实验通过测定不同海区石油烃降解微生物的数量,从而了解海域环境对石油污染的自我修复能力,并可为生物修复提供菌种资源。

一、实验目的

(1) 掌握石油烃降解菌的检测方法。

(2) 了解海域环境对石油污染的自我修复能力。

二、实验用品

1. 实验器材

灭菌锅、超净台、恒温培养箱、采水器、采泥器、抽滤系统、移液器、镊子、试管、培养皿等。

2. 培养基

(1) 石油盐培养液的制备

分别将 KNO_3 2 g,$MgSO_4 \cdot 7H_2O$ 1 g,轻柴油或煤油 10 mL 加入 1 000 mL 陈海水中,溶解混匀,121℃灭菌 15 min。

当石油盐培养液冷却至室温后,按照 1%的终浓度加入过滤除菌的 1%的 KH_2PO_4 溶液,按照 2%的终浓度加入过滤除菌的 20%的磷酸溶液。

(2) 硅酸钾溶液的制备

将 7%的 KOH 溶液加热到接近沸腾,然后加入层析硅胶,制成 10%的硅酸钾溶液,121℃灭菌 15 min。

(3) 石油盐硅胶平板的制备

将硅酸钾溶液和石油盐培养液按照 1∶1 的比例迅速混匀,立即倒入培养皿中,凝固成石油盐硅胶平板,备用。

三、操作步骤

1. 样品采集

使用采水器分别采集近岸海域的海水样品,采样水层按照海洋监测规范

GB 17378.3-2007 的规定进行;沉积物样品使用采泥器采集表层沉积物(采集深度大于 5 cm),分别装入无菌样品瓶中,立即带回实验室,尽快分析。

2. 样品测定

若样品中石油烃降解菌浓度较低,利用石油盐硅胶平板培养基采用超滤膜萌发技术进行样品测定。海水样品直接用 0.22 μm 的无菌滤膜过滤,沉积物样品则需要首先用无菌海水制成 1∶10 的菌悬液,再用 0.22 μm 的无菌滤膜过滤。将滤膜从滤器上取下,贴在石油盐硅胶平板培养基上,20℃恒温培养 7～14 d,观察并计算菌落数。每个样品至少做 3 个平行。

若样品中石油烃降解菌浓度较高,利用石油盐培养液采用 MPN 计数法进行样品接种测定。20℃恒温培养 10 d,观察计数。

四、实验报告

1. 实验结果

若采用超滤膜萌发技术进行样品测定,记录平板上的菌落数,根据过滤的海水样品体积或沉积物的量(干重)计算样品中石油烃降解菌的浓度。

若采用 MPN 计数法,观察培养液浑浊程度和液面上菌膜情况,以判断各试管中是否有石油烃降解菌的生长。记录阳性管数,查 MPN 表,计算样品中石油烃降解菌的浓度。

2. 思考题

(1) 根据不同海区石油烃降解菌的数量,结合环境条件,分析其分布特征。

(2) 根据实验结果,分析采样海区对石油污染的自我修复潜力。

【参考文献】

1. Atlas R M, Bartha R. Hydrocarbon biodegradation and oil-spill bioremediation [J]. Advances in Microbial Ecology, 1992, 12: 287-338.

2. [美]迈尔等. 环境微生物学[M]. 第 2 版. 刘和,陈坚导读(影印本). 北京:科学出版社,2010.

3. 孙玮,夏文香. 微生物在海洋石油污染中的生物修复作用[J]. 环保技术,2007,(1):42-43,55.

4. 张晓华. 海洋微生物学[M]. 青岛:中国海洋大学出版社,2007.

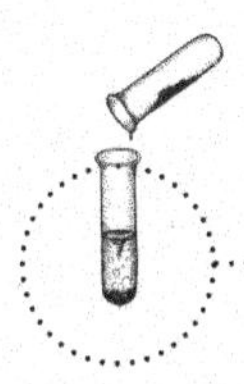

第四部分　污染物的微生物处理技术

实验 4-1　SBR 活性污泥法处理生活污水

实验 4-2　有机固体废弃物的堆肥处理

实验 4-3　石油污染土壤的固定化微生物处理

实验4-1　SBR活性污泥法处理生活污水

活性污泥法是应用最广泛的污水人工好氧生物处理技术，目前具有多种工艺类型，其中，序批式活性污泥反应器(series batch reactor，简称SBR)是一种国内外广泛应用的活性污泥法的新工艺，该处理工艺简单、运行效果稳定。一个完整的运行周期主要包括：进水期、反应期、沉淀期、排水期和闲置期。

活性污泥的质量直接影响污水处理的效果。活性污泥是由细菌、真菌、放线菌、原生动物、后生动物等微生物群体与污水中的悬浮有机物、胶状物和吸附物质混杂在一起构成的絮状混合物，具有良好的吸附、氧化、分解利用有机物的能力，也具有较好的沉降性能。活性污泥中的生物相及污泥活性在一定程度上可以反映出活性污泥的质量及其运行情况。

细菌是污水净化过程中最重要成员，主要包括能形成菌胶团的细菌和丝状细菌，它们通过分泌的多糖等胞外聚合物相互黏结在一起，形成菌团结构，作为活性污泥的结构和功能中心。新生菌胶团一般颜色较浅，结构紧密，代谢能力强；老化菌胶团一般颜色较深、结构松散，活性较弱。但如果丝状细菌大量繁殖，使污泥的沉降性能变差，甚至会引起活性污泥膨胀问题，严重影响污水处理效果。

原生动物和后生动物也是活性污泥中的重要成员，它们一方面可以通过分泌一定的黏液促进活性污泥的絮凝和沉降作用，还可以通过捕食作用减少废水中的有机颗粒物及游离细菌，以及维持菌胶团细菌的正常数量和功能，减少污泥的数量等功能，同时也是重要的指示生物。

另外，活性污泥的活性是污水处理系统正常运行的关键因素，目前用于评价污泥活性的方法主要有耗氧速率法、电子传递体系(ETS)活性法、ATP法等，其中，耗氧速率(oxygen uptake rate, OUR)是常用的简单、快速评价污泥代谢活性的方法，通过测定污泥的呼吸速率来间接表示污泥的活性和运行状况。当OUR值为20～40 mg O_2/(gMLSS·h)时，表明活性污泥运行正常；若OUR值偏高，表明活性污泥负荷过高，出水有机物较多；若OUR值偏低，说明污泥负荷较低，长期运行，污泥会因缺乏营养而解絮；若OUR值突然下降，表明污水毒物含量较高，污泥活性受到抑制。

本实验以SBR活性污泥法处理生活污水为例，了解活性污泥的基本特征、生物相、活性及SBR法的处理工艺和一般的处理过程。

一、实验目的

(1) 了解活性污泥的组成、活性及生物相。

(2) 了解 SBR 法的处理工艺和处理过程。

二、实验用品

显微镜、测微尺、量筒、载玻片、盖玻片、滴管、溶解氧测定仪、锥形瓶、气压机、磁力搅拌器、烘箱、天平、滤纸、布氏漏斗等。

三、操作步骤

1. 序批式活性污泥处理工艺

取校园生活污水 50 L,带回实验室,加入到单池 SBR 反应器中,与经培养、驯化的活性污泥搅拌混合,利用外接的压缩空气进行曝气 6 h,沉淀 2 h,从排水口排出上清液。

2. 活性污泥性质分析

(1) 污泥沉降比

自 SBR 反应器排泥管取污泥混合液置 1 000 mL 量筒中,静止片刻,观察活性污泥的颜色、沉降性能等。若沉降速率较快、泥水界面清晰、上清液中未见细小污泥絮粒悬浮物的污泥性能较好。当沉淀 30 min 后,计算沉淀污泥与混合液的体积比。正常活性污泥的沉降体积比应在 15%~30%之间,如果该值偏大,说明曝气池可能会出现污泥膨胀现象;若该值偏小,表明污泥数量不足,需要补充。

(2) 污泥浓度(MLSS)

采用重量法测定。将滤纸干燥至恒重,称量并记录其重量,然后铺在布氏漏斗上,取 100 mL 污泥混合液过滤,将带有污泥的滤纸放入 105℃烘箱中干燥至恒重,按照下式计算污泥浓度。

$$污泥浓度(g/L)=(滤纸和污泥总干重-滤纸干重)\times 10$$

(3) 污泥絮状体显微观察

将污泥混合液适当稀释后,取 1 滴稀释液于载玻片的中央,置低倍镜下观察絮状体的大小、形态和结构。絮状体结构基本可分为 3 种类型:

结构紧密型——絮状体常呈圆形或近圆形,菌胶团排列致密;

结构疏松型——絮状体形态不规则,菌胶团排列疏松;

结构松散型——絮状体形态不规则,边缘模糊。

若絮状体较大,呈圆形或近圆形,结构紧密,丝状菌数量较少,无游离细菌的污泥

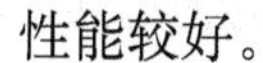

性能较好。

(4) 生物相的显微观察

取污泥混合液1滴于载玻片上，轻轻盖上盖玻片(注意不要有气泡产生)，制成活性污泥的水浸标本片。置低倍镜下观察菌胶团细菌和丝状菌的分布、微型动物的形态和活动情况，然后用高倍镜观察菌胶团细菌和丝状细菌的形态及相对数量，观察原生动物和后生动物优势种及其形态、结构特征。

丝状菌在活性污泥中的生长状况分成五个等级：

A级——活性污泥中几乎没有丝状菌，菌胶团絮状体较小，影响污泥的沉降性能；

B级——丝状菌数量非常少；

C级——含有一定数量的丝状菌，使菌胶团形成较大的絮状体，污泥沉降性能较好；

D级——含有大量丝状菌，并从絮状体间伸展出来，污泥的沉降性能变差，出水水质变坏；

E级——丝状菌大量生长，形成网络状，呈现污泥膨胀现象。

若微型动物以固着类纤毛虫(如钟虫、累枝虫等)为主，偶尔可见少量的游动纤毛虫和轮虫，则表明污水处理设施运行正常，出水效果较好。若游动性纤毛虫、鞭毛虫、变形虫、轮虫较多时，说明污泥老化解体，出水水质较差。当处理系统的环境不利于污泥中原生动物生存时，原生动物呈不活跃状态，甚至会形成胞囊。若出现大量线虫，表明系统缺氧。

(5) 耗氧速率(oxygen uptake rate, OUR)

取活性污泥混合液，用气压机吹入空气5～10 min，充氧至饱和。然后迅速倒入带有搅拌棒的锥形瓶中，将瓶完全充满，并塞上带有溶解氧测定仪电极的橡胶塞密封。在20℃恒温水浴条件下，开动磁力搅拌器及溶解氧测定仪，每隔1 min记录溶解氧值一次，当将至1 mL/h时(一般10～30 min)停止实验。由下式计算活性污泥的好氧速率。

$$\mathrm{OUR}[\mathrm{mgO_2/(gMLSS\cdot h)}]=\frac{DO_0-DO_t}{t\times MLSS}$$

3. 污水处理效果监测

自SBR反应器排水口取上清液，根据相关分析方法测定各水质指标，比如COD、BOD、NH_4-N、PO_4^{3-}等，分别计算各指标的去除率，评价污水的处理效果。

四、实验报告

1. 实验结果

(1) 根据实验结果，计算污泥的沉降体积比、污泥浓度及活性。

(2) 根据显微观察，描述絮状体结构特征、丝状菌在活性污泥中的生长状况、原生动物、后生动物的种类、数量及形态特征。

(3) 根据水质分析结果,计算各指标的去除率。

2. 思考题

根据实验结果,分析评价活性污泥的质量、运行状况及其对生活污水的处理效果。

【参考文献】

1. 马放,任南琪,杨基先.污染控制微生物学实验[M].哈尔滨:哈尔滨工业大学出版社,2006.

2. 张甲耀,宋碧玉,陈兰洲,郑连爽.环境微生物学[M].武汉:武汉大学出版社,2008.

3. 张兰英,刘娜,孙立波,等.现代环境微生物技术[M].北京:清华大学出版社,2005.

实验4-2 有机固体废弃物的堆肥处理

有机固体废弃物是一些可生化降解的固体废物，随着经济发展和人们生活水平的提高，有机固体废物的排放已造成严重的环境污染，这些被弃置的废物中蕴含着大量的生物质能，因此，如何对大量有机固体废弃物进行处置并实现其资源化、无害化一直受到重视，目前，堆肥化技术已成为固体废弃物资源化处置的重要技术之一。

堆肥是在一定的人工条件下，利用堆料中含有的多种自然微生物（或人工添加微生物）的代谢作用，将有机残体进行矿质化、腐殖化和无害化，使各种复杂的有机态营养物质，转化为大量易吸收利用的养分和腐殖质，形成营养丰富、肥效长且能改良土壤结构的有机肥料。按需氧程度可分为好氧堆肥和厌氧堆肥两种，因厌氧堆肥腐熟和无害化时间长，目前主要采用好氧堆肥。

好氧堆肥是在有氧条件下借助好氧微生物的代谢活动降解有机物的过程。好氧堆肥过程大致分为升温、高温、降温 3 个阶段。每一阶段都有其独特的微生物种类，细菌在堆肥开始和降温时数量最大，而放线菌和真菌在放热期时数量最大，而且堆肥的原料不同，微生物的种类和数量也不同。

升温阶段：在堆肥初期，主要是中温性微生物（无芽孢好氧细菌、丝状真菌等）利用堆体中易分解的营养物质开始繁殖，产生大量热量，使堆体温度开始升高。随着温度的升高，好热性的芽孢菌和霉菌占主导地位，利用易分解有机物，使堆体温度持续上升，当达到 45℃以上时，进入高温阶段。

高温阶段：中温性微生物活性逐渐降低，呈孢子状态或死亡，嗜热性微生物逐渐占据主导地位，50℃左右主要为嗜热性真菌和放线菌，60℃左右嗜热性丝状真菌停止活动，70℃时，大量微生物死亡或休眠，有机质在各种酶的作用下继续分解。由于微生物死亡、酶的作用逐渐减弱，产生的热量减少，温度开始降低，当降至 70℃以下时，休眠的嗜热微生物又开始活动，从而使堆体在 70℃左右的高温水平保持较长的时间，产生大量腐殖质。同时利用堆积时所产生的高温（55℃～70℃）来杀死原材料所带有的病菌、虫卵和杂草种子，达到无害化的目的。

降温阶段：经过高温期后，大量易分解或较易分解的有机物被分解，剩下难降解有机物（如木质素）和新形成的腐殖质，微生物活性减弱，产生的热量减少，温度开始降低。当温度下降到 40℃左右时，中温性微生物又成为优势菌种，进一步分解剩余有机物。随着可利用有机物的减少，温度逐渐降低，腐殖质继续增多且逐渐稳定，堆肥进入腐熟阶段，实现了固体废弃物的无害化、减量化和资源化。

一、实验目的

(1) 了解和掌握有机固体废弃物堆肥处置的原理和方法。

(2) 了解堆肥不同阶段微生物活性及数量的变化。

二、实验用品

1. 实验器材

静态强制通风堆肥装置、表面荧光显微镜、无菌样品瓶、天平、移液枪、无菌枪头、无菌试管、无菌离心管、离心机、恒温箱、一次性无菌滤器、无菌注射器、分光光度计、黑色核孔滤膜(0.22 μm 聚碳酸酯滤膜)、抽滤装置、无荧光镜油、无菌镊子、载玻片、盖玻片等。

2. 试剂

(1) FDA 储备液：0.1 g FDA 溶于 100 mL 丙酮中(1 000 μg/mL FDA)，−20℃储存备用。

(2) 荧光素溶液：20 mg 荧光素钠盐溶于 100 mL 磷酸盐缓冲液中(200 μg/mL)。

(3) DAPI 工作液(10 μg/mL)：将一定量的 DAPI 溶于蒸馏水中，制备成高浓度的储备液(200 μg/mL)，经 0.22 μm 滤膜过滤，分装后−20℃冷冻保存。使用前将储备液解冻后稀释成 10 μg/mL 的工作液，经 0.22 μm 滤膜过滤后使用。

(4) 无颗粒甲醛：经 0.22 μm 滤膜过滤的 37%～40%的甲醛溶液。

(5) 磷酸盐缓冲液(pH 7.6)、丙酮等。

3. 其他

有机污泥、农作物秸秆。

三、操作步骤

1. 实验设计

选取有机污泥(由污水处理厂提供)、农作物秸秆(由当地农户提供)等作为堆肥原料，将农作物秸秆粉碎成 0.8～1.2 cm 的小段，将污泥和秸秆按照 3∶2 的比例混合，使初始 C/N 比在 20～30 范围内，pH 为中性，含水率在 50%～60%，使用静态强制通风堆肥装置进行堆肥，并定期翻堆。静态强制通风堆肥装置主要由反应仓、通气板、风机、温度测量孔、布水管等组成，反应仓体积约 50 L，在反应仓的上中下各部位分别设有取样口。实验进行 30 d。

在堆肥过程中，每天定期通风，当堆肥开始时，通风增加堆体中氧气的供给；当堆肥到达高温期时，通风除了供给氧气外，还可以通过加大通风量带走过多的热量达到

调温的目的，使最适温度控制在 55℃～60℃，维持 5～7 d；当有机物基本分解完毕，通风可使堆体的含水率降低。

2. 温度测量

每天定期测量堆体中心部位温度及室温的变化。

3. 样品采集

于实验开始时以及实验开后每两天定期采集堆肥样品，分别在各个取样口取相同量的样品，充分混合均匀，用于测定微生物活性及数量的变化。

4. 样品分析

(1) 微生物活性采用荧光素双醋酸酯法测定。

(2) 微生物总数采用表面荧光显微镜直接镜检法计数。

(3) 理化因子分析。根据相关分析方法分别测定 TOC、DOC、TN、NH_4-N、NO_2-N、NO_3-N、PO_4^{3-} 等。

四、实验报告

1. 实验结果

(1) 绘制并分析堆肥过程中堆体温度的变化曲线。

(2) 绘制并分析堆肥过程中微生物活性的变化曲线。

(3) 绘制并分析堆肥过程中微生物数量的变化曲线。

(4) 计算各理化因子的降解率，并绘制降解率的变化曲线。

2. 思考题

(1) 请分析堆肥过程中温度变化、微生物数量和活性之间的关系。

(2) 请根据堆肥的温度、微生物数量和活性、理化因子的变化等，判断堆肥的腐熟程度及堆肥的质量。

(3) 结合本实验，请分析要想获得优质的好氧堆肥，应注意哪些影响因素。

【参考文献】

1. 常学秀，张汉波，袁嘉丽. 环境污染微生物学[M]. 北京：高等教育出版社，2006.
2. 张甲耀，宋碧玉，陈兰洲，郑连爽. 环境微生物学[M]. 武汉：武汉大学出版社，2008.
3. 张兰英，刘娜，孙立波，等. 现代环境微生物技术[M]. 北京：清华大学出版社，2005.

实验4-3 石油污染土壤的固定化微生物处理

原油和石油产品在开采、运输、储存、加工以及使用过程中，进入土壤环境，其数量和速度超过了土壤自净作用的速度，导致土壤环境正常功能的失调和土壤质量的下降，并通过食物链，最终影响人类健康。世界范围内的土壤石油污染日趋严重，在油田区、炼油厂等尤为突出。

由于原油密度较小，黏着力强且乳化能力低，因而在土壤中容易与土粒黏连，堵塞土壤孔隙，影响土壤的透气性和渗水性，改变土壤的结构和组成，对土壤原有微生物和土壤酶活性产生抑制作用，引起土壤微生物群落结构和功能的变化，破坏土壤微生态环境。由于石油烃类物质具有较高的生物学毒性，在环境中残留时间长，难以去除，且危害大，如何对受其污染的环境进行有效修复，日益受到广泛的关注。

石油污染土壤的修复技术包括物理方法、化学方法和生物方法，其中生物修复技术被认为是最有生命力的土壤清洁技术，是实现生态恢复的最有效措施，而其中的微生物修复技术更是生物修复的核心技术。微生物修复是利用土壤中的土著微生物或向污染土壤中投入经驯化的高效微生物，在适宜条件下通过菌的代谢活动将存在于土壤中的石油烃污染物降解为无害的无机物质（CO_2 和 H_2O）。与物理化学方法相比，微生物修复技术成本低，不产生二次污染，处理效果好，且操作简便，适用于大面积污染土壤的修复。

本实验为了提高接种微生物的存活率及功能活性，将石油烃降解微生物固定在海藻酸钠和硅藻土的复合载体中。海藻酸钠是一种从褐藻中提取出的天然多糖，易降解，成为土壤优质的有机肥料，同时可改善土壤团粒结构；硅藻土可提高载体的机械强度，增大其孔隙度，改善固定化颗粒的传质性能。

一、实验目的

（1）巩固微生物固定化技术。

（2）了解固定化微生物对高浓度石油污染土壤的修复效果。

二、实验用品

1. 实验器材

恒温培养箱、恒温振荡培养箱、灭菌锅、分光光度计、超声波、离心机、注射器、磁性

搅拌器、通风装置、冰箱、土筛、分液漏斗、96 微孔板等。

2. 试剂

海藻酸钠、硅藻土、$CaCl_2$、正己烷、Na_2SO_4、磷酸盐缓冲液(pH 8.0,无菌)、无菌生理盐水、无菌蒸馏水。

3. 石油污染土壤

受石油污染时间较长的土壤,自然风干后破碎、除杂、混匀、过 2 mm 筛。

4. 培养基

高矿物盐基础培养基(MSM)

K_2HPO_4	1 g
KH_2PO_4	1 g
$(NH_4)_2SO_4$	1 g
NaCl	15 g
$MgSO_4$	0.2 g
$CaCl_2$	0.02 g
$FeCl_3$	微量
蒸馏水	1 000 mL

121℃高压灭菌 15 min。

5. 微生物

从石油污染土壤中分离、驯化的高效石油烃降解混合菌系。

三、操作步骤

1. 菌悬液的制备

将石油烃降解菌系在添加石油的 MSM 培养基中振荡培养至指数生长期,4 500 r/min离心 5 min,弃上清液,用无菌生理盐水洗涤菌体 3 次,制成菌悬液(浓度约为 10^8 个/毫升),利用荧光显微镜计数菌悬液的准确浓度。

2. 固定化微生物的制备

配制含 4%海藻酸钠和 2%硅藻土的混合溶液,高压灭菌后,按 1∶1 的比例与制备好的菌悬液混合均匀,按照微生物固定化技术(实验 2-5)的相关方法制备固定化微生物。

3. 石油污染土壤的固定化微生物修复

在修复系统中固定好通风装置,将固定化微生物以 1×10^5 个/千克的剂量接种到石油污染土壤中。同时设置不加固定化微生物的空白对照组。每个处理设置 5 个平行。然后向各个处理系统中加入营养液，调整 C∶N∶P 为 100∶10∶1，含水量为最大持水率的 60%。每天早晚 2 次进行通风供氧，并定期补水保持土壤湿度。

每 7 天取样一次，去掉样品中的固定化小球，测定土壤中石油烃含量和降解菌数量。

四、样品分析测定

1. 土壤含油量的测定和降解率计算

将土样置阴凉处风干，磨碎过 2 mm 筛，取 2 g 土加入 10 mL 正己烷，超声萃取 1 h，取上清液，重复萃取一次，合并上清液，用饱和 Na_2SO_4 溶液洗涤 2 次，去除水分和土壤颗粒，然后用分光光度计测定 225 nm 下的吸光值。同时，按照以上步骤制作标准曲线，按下式计算土壤中石油烃的降解率。

$$w=\frac{C_0-C_n-V_n}{C_0}\times 100\%$$

式中：w——土壤中石油烃降解率（%）；

C_0——土壤初始含油量（mg/kg）；

C_n——样品土壤含油量（mg/kg）；

V_n——空白对照组石油烃的减少量（mg/kg）。

2. 土壤中石油烃降解菌数量的测定

石油烃降解菌数量测定以添加石油的 MSM 作为培养基，采用 MPN 法进行。

五、实验报告

1. 实验结果

（1）计算不同处理时间土壤中石油烃的降解率，并绘制降解率随处理时间的变化曲线。

（2）计算不同处理时间土壤样品中石油烃降解菌的数量，并绘制石油烃降解菌随处理时间的变化曲线。

2. 思考题

（1）请分析石油烃的降解率与石油烃降解菌数量变化的关系。

（2）请分析固定化微生物技术处理土壤污染的优势。

【参考文献】

1. 常学秀，张汉波，袁嘉丽. 环境污染微生物学[M]. 北京：高等教育出版社，2006.

2. 胡文稳，等. 黄河三角洲原油污染土壤的微生物固定化修复技术[J]. 环境科学

与技术,2011,34(3):116-120.

3. Cunninghama C J, Ivshina I B, Lozinsky V I, Kuyukina M S, Phil J C Bioremediation of diesel-contaminated soil by microorganisms immobilised in polyvinyl alcohol [J]. International Biodeterioration & Biodegradation, 2004, 54 (2-3): 167-174.

4. Lee S-H, Oh B-I, Kim J-G Effect of various amendments on heavy mineral oil bioremediation and soil microbial activity [J]. Bioresource Technology, 2008, 99 (7): 2578-2587.

第五部分　设计性实验

一、设计性实验的实施过程

二、实验考核和成绩评定

三、设计性实验的管理

在学生已经掌握环境微生物基础知识和基本实验技能基础上开设综合设计性实验，系统地运用所学专业知识，以学生为主，以教师为辅，利用实验室现有条件，进行的具有综合性和探索性的实验过程。可以充分发挥学生的主观能动性和创新性思维，减少实验教学过程中实验指导对学生思维的束缚以及学生对实验指导的依赖性，培养学生独立思考能力和创新能力，有助于学生的个性发展和潜能开发。

一、设计性实验的实施过程

1. 确立实验课题

实验课题可以由老师从科研课题中提取实验素材，转化成设计性教学实验；也可以由学生提出自己感兴趣的生产、生活方面的相关问题，在难度适宜、实验条件允许的情况下，确立为实验课题。

2. 组织课题小组

学生根据自己的兴趣，自由组织课题小组。为确保在实验过程中，学生得到独立的锻炼，小组人数一般以 3～5 人为宜。

3. 课题介绍和资料查阅

教师对每个实验课题作概括的介绍，包括立题意义、实验要求、实施的重点、难点等，然后提出一些相关问题，引导学生查阅书籍和文献资料。同时还要介绍实验室现有条件、相关仪器及用途等，以便学生设计出合理可行的操作方案。

4. 撰写实验设计

根据查阅的资料，通过分析、讨论、综合，每小组撰写出一份实验设计报告，内容包括：国内外研究现状、实验目的和意义、实验材料、方法和详细步骤、重点和难点、进度安排、预期结果。要求尽量写得详尽，以保证实验的顺利进行。

5. 实验设计的审阅和修改补充

教师要认真审阅分析每个小组的实验设计方案，并和同学共同讨论，在尊重学生思路并在实验条件允许的前提下，对该设计方案进行完善和修改，并对一些关键步骤进行解释说明。通过教师的引导，每个小组最终总结出一个可行的实验设计方案。

6. 实验实施

各实验小组根据实验设计，自主统筹安排实验内容和实验时间。在学生实验进行时，教师要巡视指导，对实验中存在的问题，以启发式教学方式及时进行纠正或解决。学生在实验过程中，要注意观察实验的阶段性结果，对随时出现的现象（特别是异常现象）要进行详细准确的观察、记录，并认真分析和讨论。

7. 撰写实验论文

书写实验论文是一个整理实验思路，并对实验进行总结和思考的过程，可以反映学生的分析能力和综合能力。要求各实验小组采用科研论文的形式提交实验结果，主要内容包括：国内外研究现状、实验材料和方法、实验结果和分析。学生在撰写实验论文的过程中要查阅相关研究资料，进行严格的数据分析。通过论文的撰写，培养学生基本的科研思维和科研素质，同时也对相关研究领域有一个系统、全面的了解和认识。

8. 实验总结

最后由教师组织各实验小组对每个实验课题情况进行答辩、总结，特别是对实验结果、实验过程中的问题、异常现象、实验体会以及经验教训等进行具体的交流和讨论。由于小组间的实验内容不同，通过交流大大拓宽学生的知识面。

二、实验考核和成绩评定

实验考核和成绩评定方式会对学生的学习热情和实验重视程度产生一定的影响，为了全面评价学生的能力和素质，设计性实验的成绩评定主要包括以下几方面内容：

（1）实验设计（30%）：主要考查学生对实验项目操作方案的设计是否合理可行，对项目研究的目的和意义是否理解和掌握。

（2）实验技能（30%）：主要考查学生对各个实验环节的操作能力以及分析、解决问题的能力。

（3）实验表现（10%）：主要考查学生的实验态度、劳动观念、协作精神等。

（4）实验论文（30%）：主要考查学生的综合能力和科研素质，以及对项目研究领域相关知识了解的深度和广度。

三、设计性实验的管理

设计性实验是师生共同参与的实践教学过程，打破传统的专业实验教学的组织形式，开放相关的实验场地，并且在实验时间上有一定的灵活性，因此，要求教师要精心设计、周密策划整个教学过程，要加强监督的力度，善于引导和启发，并加强实验室及仪器设备管理，以确保实验教学的顺利进行。保证不同能力和水平的学生，经过设计性实验后，其综合素质和实践能力都能得到相应的提高。

另外，为了便于实验项目的管理及教师对各小组实验情况的掌握和指导，由师生共同填写以下实验项目信息表。

设计性实验项目信息表

<table>
<tr><td>项目编号</td><td colspan="2"></td><td colspan="2">项目名称</td><td></td></tr>
<tr><td>小组成员</td><td colspan="3"></td><td>实验时间</td><td></td></tr>
<tr><td>项目简介</td><td colspan="5"></td></tr>
<tr><td>难点重点</td><td colspan="5"></td></tr>
<tr><td rowspan="6">操作步骤及
具体实施计划</td><td>1</td><td colspan="4"></td></tr>
<tr><td>2</td><td colspan="4"></td></tr>
<tr><td>3</td><td colspan="4"></td></tr>
<tr><td>4</td><td colspan="4"></td></tr>
<tr><td>5</td><td colspan="4"></td></tr>
<tr><td>6</td><td colspan="4"></td></tr>
<tr><td>实施情况</td><td colspan="5"></td></tr>
<tr><td>主要成果</td><td colspan="5"></td></tr>
<tr><td rowspan="4">成绩评定</td><td>1</td><td>实验设计(30%)</td><td></td><td rowspan="4">最终成绩</td><td rowspan="4"></td></tr>
<tr><td>2</td><td>实验技能(30%)</td><td></td></tr>
<tr><td>3</td><td>实验表现(10%)</td><td></td></tr>
<tr><td>4</td><td>实验论文(30%)</td><td></td></tr>
</table>